生命科学研究のための
デジタルツール入門 第2版

結果に差がつく使いこなし術

監修 **坊農秀雅**

広島大学大学院統合生命科学研究科
ゲノム編集イノベーションセンター 教授

小野浩雅

プラチナバイオ株式会社 事業推進部 ディレクター
広島大学ゲノム編集イノベーションセンター

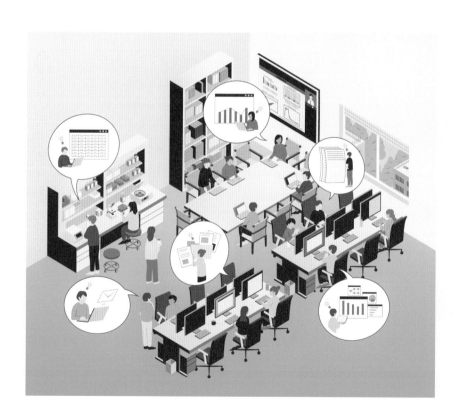

メディカル・サイエンス・インターナショナル

執筆者一覧

（五十音順）

安西高廣	群馬工業高等専門学校 物質工学科 タンパク質生命科学研究室 助教（第11章）
池田秀也	大学共同利用機関法人 情報・システム研究機構 データサイエンス共同利用基盤施設 ライフサイエンス統合データベースセンター（DBCLS）特任研究員（第7章）
上坂一馬	名古屋大学大学院 生命農学研究科 ゲノム情報機能学研究室 研究員（第10章）
太田紀夫	科学技術振興機構 情報基盤事業部 NBDC事業推進室 主任専門員（COLUMN 7）
沖 嘉尚	日本大学 生物資源科学部 動物学科 動物細胞・免疫分野 専任講師（第4章）
尾崎 遼	筑波大学 医学医療系生命医科学域 バイオインフォマティクス研究室 准教授／人工知能科学センター（COLUMN 2）
小野浩雅	プラチナバイオ株式会社 事業推進部 ディレクター／広島大学 ゲノム編集イノベーションセンター 研究員（第3，9章）
川本祥子	国立遺伝学研究所 系統情報研究室 准教授（第1章）
黒木 健	東京大学大学院 理学系研究科（COLUMN 4）
豊岡絵理子	イラストレーター（COLUMN 6）
成川 礼	東京都立大学大学院 理学研究科 生命科学専攻 植物環境応答研究室 光合成微生物グループ（第6章，COLUMN 1）
丹羽 諒	京都大学大学院 医学研究科／京都大学 iPS細胞研究所 Woltjen研究室（COLUMN 5）
林 和弘	文部科学省 科学技術・学術政策研究所 データ解析政策研究室 室長（COLUMN 3）
坊農秀雅	広島大学大学院 統合生命科学研究科／ゲノム編集イノベーションセンター 教授（第2章）
松本侑真	東京工業大学 理学院物理学系 大関研究室（COLUMN 8，9）
三上智之	国立科学博物館 地学研究部 環境変動史研究グループ 日本学術振興会 特別研究員PD（COLUMN 4）
森岡勝樹	理化学研究所 生命医科学研究センター 生命医科学大容量データ技術研究チーム 研究員（第13章）
山本泰智	大学共同利用機関法人 情報・システム研究機構 データサイエンス共同利用基盤施設 ライフサイエンス統合データベースセンター（DBCLS）特任准教授（第5章）
横井 翔	国立研究開発法人 農業・食品産業技術総合研究機構 生物機能利用研究部門 昆虫利用技術研究領域 昆虫デザイン技術グループ 主任研究員（第8章）
米澤奏良	広島大学大学院 統合生命科学研究科 ゲノム情報科学研究室 博士課程（第12章）

Beginner's Guide to Digital Tools in Life Science Research
Second Edition
edited by Hidemasa Bono and Hiromasa Ono
© 2024 by Medical Sciences International. Ltd., Tokyo
All rights reserved.
ISBN 978-4-8157-3106-9
Printed and Bound in Japan

序 文

　近年，生命科学研究の分野ではデジタル化が急速に進展している。顕微鏡や分析装置，シークエンサーなどの高度な計測機器から出力されるデータは，そのほぼ全てがデジタル化されており，それらのデータを適切に取り扱い，可視化し解釈する必要がある。また，実験データや学術論文のデジタル化により，データの共有・再利用がこれまで以上に促進されてきており，これにはデータの管理やメタデータの適切な記載，著作権など，一定の知識や規範が求められている。さらに，データ以外にも，実験の条件設定や試料調製などの過程をデジタル化することで実験の自動化や再現性の担保が可能になり，実験の効率化や精度向上が推進されている。このように，デジタル化が加速する中で適切なデジタルツールリテラシーを身につけることは，生命科学研究者としていまや必要不可欠な素養であり，また研究の新たな可能性を切り拓くカギとなるだろう。

　2018年に本書の前作として，『生命科学データベース・ウェブツール 図解と動画で使い方がわかる！ 研究がはかどる定番18選』が出版された。生命科学分野を研究する際に知っておくべき代表的なデータベースやウェブツールをテーマや目的別に紹介し，類似ツールとはどう使い分けるとよいのか，操作でつまずきやすい箇所，難しい用語の説明などを随所に配置して解説した新たなジャンルの入門書であり，研究者，技術者，またその初学者等に代表される多くの読者からの好評を博した。

　前作の出版から5〜6年が経過し，掲載されたデータベースやウェブツール(本書ではこれらをデジタルツールと総称する)がリニューアルされたり，内容が再現できない例も出てきており，最新動向を反映させた改訂版を出すことも一案であったが，先述のような急速なデジタル化に即した別の可能性を模索した。前書を含め，生命科学分野のデジタルツールを幅広く紹介している書籍は多い。しかし，生命科学研究の初学者が習得するべき基本的な「読み・書き・そろばん」に相当するデジタルツールにしぼって丁寧に解説する類書は不足しているのではないだろうか。つまり，生命科学研究の第一歩を踏み出すうえで必携のスキルを身につけるためのツールとその使い方を体系立ててまとめた入門書こそが求められていると結論した。そこで本書では，デジタル化が急速に進展する生命科学研究の入門書としての役割を徹底的に意識し，前書の長所を残しつつもその構成を大幅に見直した。

　まず，本書第1章および第2章では，研究情報の共有やコミュニケーションを円滑に行うためのデジタルツールの使い方を紹介している。Gmailに代表されるWebメーラーを使って電子メールのやり取りをすることは研究活動のみならず生活をするうえでも欠かせないが，その送受信の基本から便利な使い方を確実に押さえておきたい。電子メールより気軽にコミュニケーションすることができるチャットツールやSNSもよく使われている。SlackやXはその代表的なツールであり，研究室内外で効率的に情報収集したり共有するための方法を具体例を交えて解説する。関連コラムとして，実験系および情報系研究室を主宰する気鋭の若手研究者がどのように新人

教育をしているかについてそのノウハウを余す所なく紹介している。

　次に，第3〜8章では，学術論文を効率的に検索したり自分で執筆するときに役立つデジタルツールの使い方を紹介している。研究の成果は学術論文として出版されるが，そこに至るまでに多くのデジタルツールの力を借りることになるだろう。オンラインファイル編集ツールは文字通り「読み・書き」するために日常的に使われている。ここでは，その代表であるGoogleドキュメントやスプレッドシート，スライドで書類作成や表計算，発表資料を効率的に作成する方法を学ぶことができる。論文を検索したり取得したりして最新の研究動向を知るためにPubMedを使わない研究者はいないが，熟練の研究者でもその使い方に精通しているとは限らないので初学者のうちに習熟しておきたい。研究が進み，いざ学術論文を執筆するというときにも，初学者にとってはさまざまな障壁がある。これらの障壁は，技術的にサポートしてくれるデジタルツールを活用して乗り越えたい。**文献管理ツール**は収集した論文情報を整理したりリストを作成するサポートをしてくれるが，その代表的なツールであるPaperpileの使い方を紹介する。また，**英語表現**や**略語の確認**，**差分のチェック**など，論文執筆を支援するツールであるinMeXes，Allie，difffなどの活用法を解説する。さらに，GrammarlyやDeepL，ChatGPTなどの**AIツール**をうまく活用して論文執筆の効率を上げる方法も取り上げている。関連コラムとして，近年の研究デジタル化のなかで変容しつつある学術出版と**オープンサイエンス**の潮流について，また，研究現場においても身近でありながら今さら聞けない**著作権**について研究者としての心得を紹介している。

　第9章では，生命科学研究の現場で使われる多様な**デジタルツールを知り，その使い方を動画で学ぶ**ことのできるポータルサイトである**統合TV**を紹介する。本書で紹介しているデジタルツールはごく一部であることが実感できるし，個別の研究テーマや目的に合ったデジタルツールを使いこなしてほしい。関連コラムとして，統合TVの**動画およびイラストコンテンツの制作**者がその現場やノウハウを赤裸々に紹介している。コンテンツ制作者は随時募集中である(宣伝)。

　最後に「そろばん」に相当する項目として，**第10〜13章**で**統計解析**や**画像解析**，**配列解析**，**ゲノム解析**などの生命科学研究で頻繁に行われる**データ解析の基本**とそれらを実際に扱うためのデジタルツールを紹介する。一昔前は統計解析に専用ツールが必要だったが，いまやオンラインでさまざまな統計解析やグラフ化が簡便に実行できる例をFaDAを用いて実演する。また，顕微鏡などを使って取得した実験データ画像の処理や解析をする場面で，ImageJはよく使われる代表的なツールである。複数の遺伝子やタンパク質配列を扱う研究では配列解析を行い系統樹を作成することが多いが，その可視化にはJalviewがよく使われている。さらに，ゲノムレベルでのデータ解析をする局面ではゲノムブラウザと呼ばれるデジタルツールの利用を避けることはできないだろう。ここでは，代表的なゲノムブラウザであるUCSC Genome Browserを使ってゲノム地図と注釈情報を可視化する方法について解説している。関連コラムとして，表計算ソフトウェアであるExcelを**遺伝子発現解析**用にチューニングするとどこまでのことができるのかについての実例や，デジタルツールの利用ばかりでなく自身で**プログラミング**をしてみたいと思ったときのPCのセッティング方法，さらには，生命科学研究を促進するための**生成AIの活用のコツ**などについて紹介している。

このように，本書では生命科学研究の現場で実際に使われている基礎的なデジタルツールを，体系的に分かりやすく解説することを心がけた。とくに，生命科学系の研究室に新たに配属された方や，生命科学分野に新たにチャレンジしようとしている方は，まずは本書を読み込み，生命科学データの基礎的な「読み・書き・そろばん」スキルを身につけることができれば，その先の発展的な研究に確実に道が開けるだろう。最新のデジタル技術の力を最大限に活用して，生命科学の未知の領域に切り込んでいってほしい。本書がそうした探求心に燃えた熱い挑戦の端緒となれば，この上ない喜びである。

2024年5月　坊農秀雅

小野浩雅

本書のウェブサイト
https://github.com/hiromasaono/DigitalTools4LS
サンプルデータなどをダウンロードできる。

profile

坊農秀雅 (Hidemasa Bono)

2020年4月より広島大学ゲノム編集先端人材育成プログラム（卓越大学院プログラム）においてバイオインフォマティクスを教える教員。また同時に，自らが研究室主宰者（PI）として大学院統合生命科学研究科においてゲノム情報科学研究室（bonohulab）を立ち上げた。遺伝子機能解析のツールとして広く使われるようになっているゲノム編集において必要とされるデータ解析基盤技術を開発し，「バイオDX」と呼ばれるバイオインフォマティクス手法を駆使した遺伝子機能解析を行っている。

産官学連携の「共創の場」となるべく，有用物質生産生物のゲノム編集に必須なゲノム解読やトランスクリプトーム測定が可能となるようなウェットラボもセットアップして，これまでのアカデミアの共同研究者たちに加えてゲノム編集を利用していきたい企業との共同研究も広く手がけている。

経歴・研究歴についてはhttps://bonohu.hiroshima-u.ac.jp/bonohu_ja.htmlも参照。

小野浩雅 (Hiromasa Ono)

日本大学大学院生物資源科学研究科に在籍中の2005年より，脂肪細胞等の脱分化機構を網羅的に解析するためバイオインフォマティクスを学ぶ。2007年よりライフサイエンス統合データベースセンター（DBCLS）にてリサーチアシスタント，特任技術専門員を経て2012年より特任助教，DBCLSでは，データベースやウェブツールの使い方を動画で紹介する「統合TV」の制作・監修を務めたほか，遺伝子発現解析の基準となる各遺伝子の遺伝子発現量を簡単に検索，閲覧できるウェブツールRefEx，生命科学系データベースのさまざまなIDのつながりを探索的に確認しながらID変換をすることができるウェブツールTogoID，ヒトに関するデータを統合的に探索・俯瞰・抽出するためのウェブアプリケーションTogoDX/Humanなどの開発に従事した。

2024年4月より，プラチナバイオ株式会社 事業推進部 ディレクター，広島大学ゲノム編集イノベーションセンター研究員。

Contents

Part 3 生命科学研究に使われるデジタルツールを知り，その使い方を学ぶ ⟨84⟩

Part 4 データ解析（統計解析, 画像処理, 配列解析）の基本となるツール ⟨101⟩

Part

1

研究情報の共有や
コミュニケーションのための
ツール

01 Gmailを使った電子メールの送受信の基本

▶▶▶ 川本祥子　国立遺伝学研究所 系統情報研究室

電子メール(Eメール)は, 生活のさまざまな場面で使われており, 本書の読者のなかで電子メールアドレスを持たない人はいないだろう。その歴史は古く, インターネットの黎明期から現在に至るまで, 主要な情報コミュニケーションツールとして使われてきたが, SMSやSNS, チャットツールなどの普及によりその役割も変化してきた。SMSは複数の相手との軽量なコミュニケーションに活用し, 電子メールは残しておきたい文書の送受信や, 組織における公的なやり取りにと, 目的によってうまく使い分けることが重要だ。

電子メールを使うにはウェブブラウザ, メールソフト, スマートフォンのアプリなどの方法があるが, ここではウェブブラウザを用いるメールの代表であるGmailの使い方を中心に解説する。

インターネットにはさまざまな脅威も潜んでいる。なかでも電子メールを標的にした攻撃が最も多く被害も深刻なので情報セキュリティ上心がけるべき点についても解説する。

Gmailでできること

- ウェブブラウザやアプリを使って端末を選ばず電子メールを送受信できる。
- 送受信したメールを詳細に検索できる。
- メールにマークやラベルをつけて整理できる。
- 迷惑メールを自動的に振り分けてくれる(ただし注意も必要)。
- パーソナライズ機能を使ってGoogleカレンダーなどと連携できる。
- 保存容量はGoogleドライブ, Gmail含め全体で15 GB。

▶ Gmailの使い方

(1) Googleアカウントを取得する

https://www.google.co.jp

Googleにアクセスしてアカウントを新規に作成する
Googleにアクセスし(❶), 右上の「Gmail」をクリック(❷)。表示された画面で「アカウントを作成」をクリックしたら, 手順に従って新規Googleアカウントを作成する。

（2）メールを作成して送信する

メール作成画面を表示させ宛先を入力する

左上の「作成」を押して（❶），出てきたポップアップ画面を使って新規メールを作成する。宛先のメールアドレス（❷）はキーボードから入力する。一度やり取りしたメールアドレスは，オートコンプリート機能により入力途中で自動的に補完される。主たる送り先のメールアドレスのほか，CC，BCC（❸）に情報を共有しておきたい関係者のメールアドレスを入れて送信する。

件名と本文を記載する

メールの件名（❹）は非常に重要。忙しいときには，本文を読まずに件名だけで判断する人も多いので，メールの内容を具体的かつ簡潔に書くとともに，返信などリアクションが必要な場合は【要返信】のように目立たせる工夫も必要だ。

メールの本文もできるだけ簡潔に，時候の挨拶などは最小限にとどめておこう（❺）。

署名する

メールの本文を記載したら，最後に自分の所属・氏名・連絡先を記載する（❻）。あらかじめ設定しておけば，署名ボタン（❼）を選択して自動的に挿入することができる。

ファイルを添付する

添付したいファイルがある場合はクリップのマーク（❽）をクリックしてファイル名を選択するか，作成中のメールにドラッグ＆ドロップする。最大25 MBの添付ファイルを送信できる。

おっと 気をつけよう！

オートコンプリート機能でうっかり相手をミスった！

便利なオートコンプリート機能だが，間違ったアドレスを選択してしまい，無関係の人に送ってしまうというミスが起こり得る。メールの内容によっては秘密漏えいなどの大問題に発展する。これに限らず，誤送信を防ぐには，送信時に再度必ず，送信先アドレスを確認するという習慣を身につけることが大切。

ネットがつながらなくてメールが読めない，どうしよう！

Gmailはパソコン，スマートフォン，タブレットなど，端末や場所を選ばずに利用することができる。ただしインターネット接続を前提としているので，当然ネット環境がない状態では送受信や過去のメールの検索はできない。いざというときのために，手元のパソコンへメールをバックアップしたり，Outlookなどのメールソフトへ転送することもできる。

添付ファイルが重すぎた！

サイズが25 MBを超えるファイルは添付されないので注意。ただし，Googleドライブのリンクが自動的にメール内に追加される。

（3）メールの返信と転送

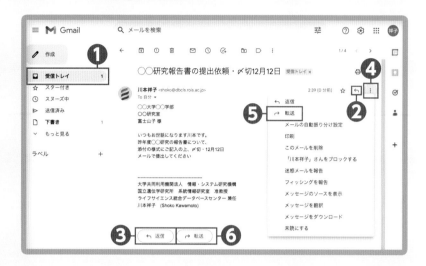

受信したメールに返信する

Gmailの受信トレイ（❶）を開くと受信したメールの一覧が表示されるので，目的のメールをクリックして本文を確認する。受信メールの右上（❷）と下（❸）に返信のボタンがあるので，クリックして返事を書く。送信元のメールアドレスが自動的に宛先に入力されるので，必要に応じてメールアドレスを追加する。右上の3点リーダーアイコン（❹）をクリックすると，印刷などのメニューが表示される。

受信したメールを転送する

受け取ったメールをそのまま関係者と共有したいときは「転送」（❺あるいは❻）をクリックする。件名の頭にFw:が付き，受け取った側は転送メールであることがわかるので，転送時に本文に何も書かずにそのまま送信してもよい。転送では本文とともに添付ファイルも転送される。

TOGO TV

「Gmailの使い方〜メールの送受信，作成，検索の基本とラベル，フィルタを使った整理方法〜」
https://doi.org/10.7875/togotv.2019.113

■ MEMO

CCとBCCの使い方

メールの宛先を入力する欄には，To（宛先）のほかに，CC（カーボンコピー）とBCC（ブラインドカーボンコピー）がある。CCには，Toのほかにメールの内容を共有したい相手のアドレスを入れるが，自分がCCされたときには返信の必要はないとされている。BCCも同じく情報を共有したいときに使うが，BCCの相手に送ったことはToやCCの相手には表示されない。このため，個人情報保護の観点からメールアドレスをほかの人に共有するべきでないときにBCCを利用したりすることがある。

返信の「Re:」と転送の「Fw:」

返信メールでは件名の頭にRe:が，転送メールでFw:が自動的につけられる。ReはReplyの略（ラテン語のResに由来するという説もある）で，Fwはforwardの略。受信メールを見分けるために使われる。

メールの下書きは自動保存される

Gmailの場合，書きかけのメールは自動的に下書きとして保存されるため，その都度保存する必要はない。返信の必要なメールは，とりあえず下書きしておき，あとから処理する（こうすると返信を忘れない）という技もある。

（4）各種設定をする

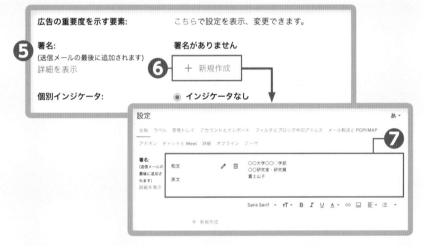

設定画面を表示する

画面右上の歯車のアイコン（**❶**）（設定の意味でよく使われる）をクリックする。するとクイック設定が開くので，その下にある「すべての設定を表示」（**❷**）をクリックすると，詳細な設定画面が開き，各種設定ができる。

送信取り消し設定をする

設定はタブで種別に分類されている。全般タブ（**❸**）を選択するとさまざまな設定が可能だが，そのなかで重要なのが「送信取り消し」設定（**❹**）である。送信ボタンを押したあとに，設定時間以内であれば送信を取り消せる機能である。送信してすぐ間違いに気づくこともあり，最長の30秒に設定しておけば安心である。

署名を設定する

メール末尾に挿入する署名を設定する。設定画面を下にスクロールすると，署名の項目が出てくる（**❺**）。「＋新規作成」（**❻**）を押して，新しい署名に名前を付け，内容を記入する（**❼**）。ここでは「和文」と名前を付けて日本語の署名を作成している。他にも英文の署名，簡易署名など，複数の署名を保存しておくと便利。

おっと 気をつけよう！

変更の保存を忘れずに

設定を変更したあとには，設定ページの一番下にある，「変更を保存」を忘れずにクリックすること。保存せずに受信トレイに移動すると変更が反映されない。

■ MEMO

パスワード設定と管理は厳重に！

パスワードを破られ，機密情報や個人情報の流出が起こると深刻な事態へと発展する。パスワードは文字・数字・記号を組み合わせて設定するが，辞書にある単語を使わずなるべく長めに設定する，2段階認証を有効にするなどの対策が重要。

(5) メールを検索する

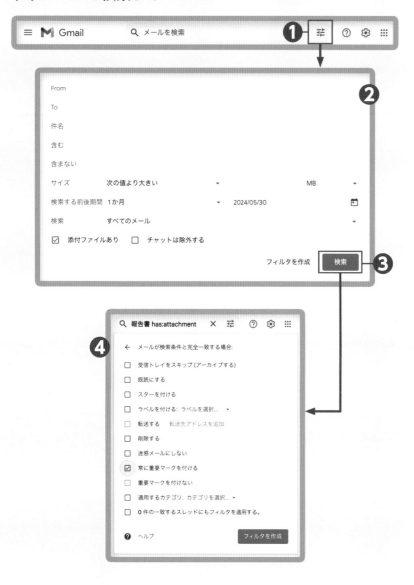

検索オプションを使って検索する

Gmail の魅力の１つに検索がある。通常の Google 検索と同様にキーワードを入力して検索することもできるが，似たようなメールが多くなってくると，キーワードに加えて，日付や添付ファイルの有無による絞りこみが有効である。画面上部の検索ボックス内右側にあるマーク（❶）をクリックすると検索オプション（❷）が表示される。適宜検索条件を入力してメールを絞りこむことができる。

フィルタを作成する

検索オプションを使って検索抽出したメールは，「フィルタを作成」（❸）をクリックすると設定画面が出てくるので（❹），一括して既読にしたり，削除したりすることもできる。メールの整理に活用する。

■ MEMO

１つのアカウントで複数サービスを利用可，アカウントの使い分けも便利

１つの Google アカウントで Gmail のほか，Google ドライブ，Google ドキュメントなど，複数のサービスを利用できる。アカウント名（メールアドレスの@の前）は登録済みのものでなければ自由に設定できる。複数のアカウントを所有することも可能なので，仕事用，プライベート用を使い分けるとよい。

Tips 一歩進んだ使い方──検索演算子を使った検索

Gmail では検索演算子と呼ばれる単語や記号を使用して，検索結果を絞りこむことができる。件名に報告書という単語が含まれるメールを検索する場合には，「subject:報告書」と検索ボックスに入力する。複数の検索演算子の組み合わせも可能。覚えてしまえばオプションを開く必要がないので便利なときがある。詳しくは Gmail のヘルプを参照のこと。

(6) メールの整理

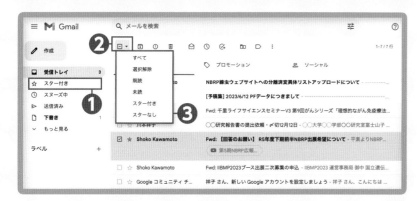

重要なメールにスターをつける

たくさんのメールをやり取りするようになると，返信の必要なメールに印をつけたりして整理したくなる。最も簡単なのは重要なメールに☆マーク（スター）をつけておく方法で，スターをつけておけば左メニューの「スター付き」（❶）で抽出できる。❷をクリックすると選択メニュー（❸）が出てくるので，未読メールなど条件に合うメールをすべて選択することもできる。

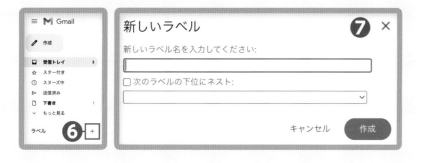

使用するスターの種類を設定する

5ページの設定画面を開く（歯車のアイコン→「すべての設定を表示」をクリック）（❹）。下にスクロールすると「スター」の項目が出てくるので（❺），必要に応じて使用するスターの種類を変更する。

メールにラベルを付ける

左メニューの「ラベル」横の「+」（❻）をクリックし，出てきた❼の画面で，メールの内容に応じたラベルを作成する。メールを1通ずつ左側に作成されたラベルにドラッグして分類することもできるが，6ページの「フィルタを作成する」で紹介したフィルター設定を使えば，指定した条件のメールに自動でラベルを付けることができる。

■ MEMO

Gmailは削除しなくて良い!?

メールを整理しはじめると不要なメールを削除したくなるかもしれないが，些細な内容のメールと思っても，あとになって必要になることがあるため，メールはそのまま残しておくことをおすすめする。迷惑メールは30日で自動的に削除されるし，宣伝メールはプロモーションタブに自動的に分類される。Googleアカウントの容量は全体で最大15 GBあるのでGmailだけの使用であれば数年間はいっぱいにならない。

迷惑メールをときどき見よう

受信トレイの下の「もっと見る」→「迷惑メール」をクリックすると，迷惑メールが表示される。Gmailの迷惑メールフィルターはとても強力で，迷惑メールに煩わされることはほとんどない。ただし，通常のメールが迷惑メールと誤判定されることもあるので，ときどき確認することが必要。

類似ツールとの使い分け

メールソフトとの使い分け

大学や会社では，自前でメールを運用している場合も多い。その場合はパソコンにインストールして使うタイプのメールソフトを送受信に使用するのが一般的。メールソフトではMicrosoftのOutlookや，Macに最初からインストールされているMailがスタンダード。Gmailと違って，メールソフトでは自分のパソコンにメールが蓄積され，インターネットに接続していない状態でも受信トレイのメールを閲覧できるメリットがある。

SMSやSNSとの使い分け

友人や家族との連絡にはLINEやメッセージを使う人が多いだろう。研究室のメンバーや，研究グループ内での連絡には，以前はもっぱら電子メールが使われていたが，最近ではより気楽に，会話を楽しむようにコミュニケーションできるチャットツールが使われるようになった。

▶ メールのセキュリティ対策

深刻化するインターネットの脅威

インターネットにはさまざまな脅威が存在する。ウイルスに感染させてパソコンを破壊する，情報を不正に取得する，システムを業務不能に陥らせ身代金を要求する。これらの犯罪のきっかけとなりやすいのが電子メールである。図1.1はEmotet (エモテット)ウイルスの感染に使用される偽装メールの例である。このようにメールの偽装は巧妙化しており，送信アドレスと件名では判断がつかないケースもある。少しでもあやしいと思ったら，決してメールに書かれたURLをクリックしたり，添付ファイルを開いたりしてはいけない。

セキュリティ対策としてできること

インターネットとメールに対する脅威を回避するために以下の対策を行う。

- パソコンやアプリを最新版にアップデートする。
- 不要なアプリやプログラムは削除する。
- アンチウイルスソフトをインストールする。
- メールに記載されているリンクを安易にクリックしない。添付ファイルを開かない。

- 不正ログイン対策のためパスワードを強化し，多段階認証を使う。
- 共用パソコンにはアカウント名やパスワードは保存しない。使用後に履歴やキャッシュを削除する。
- フリーWi-Fiには接続しない。

個人で行うセキュリティ対策については次のサイトを参考に。

> **総務省 「国民のための情報セキュリティサイト」**
> https://www.soumu.go.jp/main_sosiki/
> cybersecurity/kokumin/index.html

メール誤送信なども情報漏えいの大きな原因

セキュリティインシデントは悪意のある第三者によって引き起こされるだけではないことを最後に付け加えておく。実は，情報漏えいなどの原因の多くが，本人の不注意 (メール誤送信，USBの紛失など) によるものである。

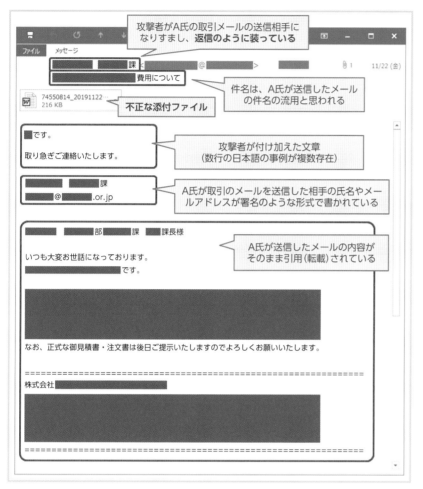

図 1.1　Emotet ウイルスの感染に使用される偽装メール

出典：独立行政法人情報処理推進機構（IPA）。Emotet（エモテット）攻撃の手口。図1「正規のメールへの返信を装う」攻撃メールの例。https://www.ipa.go.jp/security/emotet/attack.html（Accessed March 5, 2024）

用語解説

情報セキュリティ10大脅威

独立行政法人情報処理推進機構（IPA）が毎年発表している，その年に発生した情報セキュリティにおける重大事案では，個人向けの脅威として，インターネット上のサービスからの個人情報の窃取，フィッシングによる個人情報などの搾取や，メールやSMSなどを使った脅迫・詐欺の手口による金銭要求などがあげられている。組織に対する脅威の1位はランサムウェアによる被害，4位が標的型攻撃による機密情報の窃取。これらの攻撃，脅迫はすべてメールが関係するもので，その手口は年々巧妙化するとともに，被害の規模も大きくなっている。

おっと 気をつけよう！

セキュリティインシデント発生時はすぐに報告を

セキュリティインシデントが発生したら，すぐに上司や所属機関の情報セキュリティ部門に報告すること。定期的にセキュリティ講習を受講し対策を徹底しよう。

02 Slack で研究室内の情報共有を円滑に進める

▶ ▶ ▶ **坊農秀雅** 広島大学大学院統合生命科学研究科／ゲノム編集イノベーションセンター

Slackは，オンラインチャットおよびコラボレーションツールで，ビジネスの世界で使われることが多い。チャット，ビデオ通話，ファイルの共有，タスク管理などのためのプラットフォームが提供されている。基本的な機能は無償で使うことが可能だ。

複数のチャンネルを作成し，それぞれのチャンネルで特定のプロジェクトやトピックについて議論が行えるので，**研究室内の研究チームごとの連絡や議論**に適している。

また，対面での会話や電話といった同期コミュニケーションの手段とは異なり，Slackは**非同期コミュニケーション**（リアルタイムで行わないコミュニケーションのこと）なので，実験中などであっても後からその議論に参加することができる。

著者の研究室内のプロジェクトだけでなく，現在，数多くの共同研究の連絡手段にSlackが使われている。Slackによって，共同研究者とタイムリーに意思の疎通が図れるだけでなく，共有したいウェブサイトのアドレスや電子ファイルのやり取りもでき，コストが高い（＝手間がかかる）電子メールでのやり取りが激減している。

╲ Slackでできること ╱

- テキストチャットで，共同研究チームに属する人とのやり取りが非同期でできる。
- 限られたメンバーとのダイレクトメッセージも交わすことができ，電子メールでいちいち連絡することを省略できる。
- 研究チーム内に知らせたい事項を素早く共有できる。
- 共同研究者と共有したいウェブサイトのアドレスや電子ファイルをやりとりできる。
- 有償版を使うと，議論したことを後からログとして検索できる。

■ Slackの使い方

（1）Slackをダウンロードする

https://slack.com/intl/
ja-jp/blog/transformation/
how-to-install-slack

トップページからダウンロードページを開く
「slack インストール」をキーワードにしてウェブ検索し，インストールについて書かれているページ（❶）を開く。開いたトップページで，❷などをクリックしてダウンロードページを開く（11ページの❸）。

https://slack.com/intl/ja-jp/downloads/

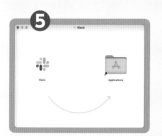  

インストーラーをダウンロード

「ダウンロード」をクリックして（**4**），インストーラーをダウンロードする。

自分が使っているプラットフォーム（Windowsか，Macか，Androidか，iOSか）が自動認識で選択される。ここではMacを例にとって以下の操作を示していく。

インストールする

Macの場合，ダウンロードしてきたファイルを開くと，ウインドウが開き，そこにある「Slack」のアイコンを「Applications」フォルダにドラッグ＆ドロップすることでインストールが完了する（**5**）。

Slackアプリを開く

アプリケーションにインストールされたSlackのアイコンをダブルクリックすると，「インターネットからダウンロードされたアプリケーション」なので開いてもよいかという確認のポップアップウインドウが開く（**6**）。確認の上，「開く」をクリックする。

さらに，Slackのアプリケーションが「ダウンロード」フォルダ内のファイルにアクセスしようとしていることを許可するかというポップアップウインドウが開く（**7**）。これはSlackで受信するファイルがダウンロードフォルダに保存されるからで，確認の上，「OK」をクリックする。

Slackのウインドウが開く

Slackが起動し，ウインドウが表示される（**8**）。このままでは何もできないので，まずは「Slackにサインインする（**9**）」をクリックして，サインインページを開こう。

おっと 気をつけよう！

無料の場合は90日間しかメッセージが残らない

メッセージやファイルの履歴には，フリー版では90日間のみアクセス可能。それ以上古いメッセージなどにアクセスするには有償版のプロ（一人当たり月額約1,000円）などを契約する必要がある。Slackの教育支援プログラムでは，有料プラン（プロプランまたはビジネスプラスプラン）が，執筆時点で，85% 割引で提供されている（https://slack.com/intl/ja-jp/help/articles/206646877）。

（2）サインインして各種設定を行う

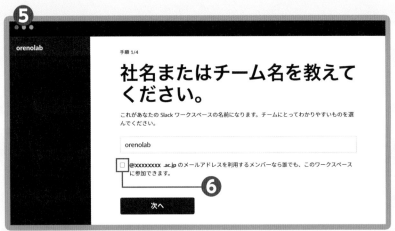

サインインページ（❶）でアカウントを作成

いくつかのサインイン方法があるが，ここでは追加的なアカウントが不要な，メールアドレスによる方法を紹介する。まずは，右上の「アカウントを作成する」リンク（❷）をクリック。

画面が開くので，自分のメールアドレスを入力し（❸），「続行する」（❹）をクリック。

しばらく待つとコードが電子メールで送られてくるので，次の「メールでコードを確認する」ページでそのコードを入力する。メールが送られてこないときは，メールアドレスの入力間違いがなかったか，メールが迷惑メールフォルダに入っていないかを確かめよう。

ワークスペースを作成・登録する

コードが認証されると，次にSlackのワークスペースの新規作成を求められる。このワークスペースにメンバーを登録して，そのメンバーで情報の共有を行うことができる。

この後はSlackアプリケーションが起動してそちらで設定を続けることになる。まずワークスペースの名前を決めて，次に進む（❺）。

この際，下に出てくる「@xxxx.ac.jp のメールアドレスを利用するメンバーなら誰でも，このワークスペースに参加できます。」はチェックを外しておいた方がよいだろう（❻）。

この後に，自分のユーザー名やプロフィール写真を設定する。名前は必須だが，プロフィール写真は任意である。

チャンネルを設定する

最後に追加のチャンネルの設定が求められる（❼）。例として「RNA-seq」と入力（❽）。Slackのチャンネル名には大文字小文字の区別がなく，チャンネル名は「rna-seq」となる（❾）。チャンネル名にはひらがなや漢字なども利用可能。

設定が完了し，Slackが利用できるようになる。メンバーを追加して，オンラインチャットやファイルの受け渡しなどの共同作業を始めよう。

図2.1　研究室内のメンバーへの連絡

図2.2　共同プロジェクトのメンバーとのやりとり

> **Tips**
>
> Zoom でテレビ会議しながら，Slack で共有したい URL や論文 PDF などのファイル共有をすることもできる。

Xとの使い分け

研究グループのメンバーとはSlackで，外部とはX（旧Twitter）で情報共有するとよい。
COLUMN 1「実験系ラボの新人教育の実際」（16ページ）や，COLUMN 2「ドライ系ラボの新人教育の実際」（23ページ）でも，そうした使い方を具体的に説明しているので，ぜひご参考に。

Teamsとの使い分け

似たツールにTeamsがあるが，Teamsは複数のチームを利用する際にその切り替えが困難なため，Slackに優位性がある。

LINEとの使い分け

Slackで行えることはLINEと似ているが，Slackは携帯電話なしでも利用可能で，個人的な利用の多いLINEと分けることで，そのようなメッセージの「誤爆」を回避できる。

■ MEMO

X（旧Twitter）

Xは，280文字（以前は140文字）以内の短いメッセージを投稿するオンラインのソーシャルネットワーキングサービス（SNS）。現在，非常に多くのユーザーが使用し，多くの情報がリアルタイムで発信され，オープンな情報共有・収集ツールとなっている。

研究室外やグループ外の人との交流に向く

多くの人が見ているので，**論文を出版した際などに，多くの人に情報を発信**する目的に適している（図2.3）。したがって，主に研究室外の人，グループ外の人との交流に使われる。

逆にXを検索して情報を得るのに適したことにはどんなことがあるか，以下にまとめたみた。

図2.3

- 注目の論文情報の検索。
- 流行りのツール，データベースなどの情報の取得。
- リアルタイム性を活かして，今起きていることについての情報の取得。たとえば「今起きた揺れはどこが震源の地震か？」など。
- 学会参加する前や開催中に参加する学会の情報をハッシュタグなどで検索して得る。たとえば，オフ会開催情報など（図2.4）。
- 学会参加中に急なスケジュール変更や注目の情報などをリアルタイムに検索して知る（図2.5）。

学会参加中に特に便利

上述したように，学会参加中はXは特に便利だ。図2.4は，本書執筆中（2023年9月）に，12月に開催される日本分子生物学会の情報を検索したもの。「#MBSJ2023」で検索した結果で，この学会に関する事前情報を素早く知ることができた。
ハッシュタグとはシャープで始まる特別なワードで，それをポストに含めておくことで，検索性をあげることができる。

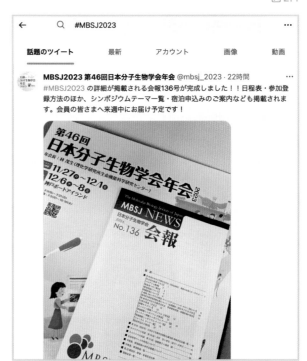

図2.4

研究の情報はgive and take

普段からも最近発表された研究や話題となっている論文の情報など,実験やデータ解析の合間に知ることができて便利である。たとえば研究に関する疑問や質問,うまく行かないことなどを何気なくつぶやいてみると,思いがけず多くの有用な回答を得られたり,その分野で有名な先生から返答があったりすることがあるのがXのおもしろいところだ。情報収集ツールとしてだけでなく,自らも発信するgive and takeの精神が大事なのだ。

少しマニアックな使い方になるが,共著論文のrevision commentをXのDM（ダイレクトメッセージ）で送ることもある。メールだと見落とされがちだが,XのDMなら気づかれやすいという場合もある。

個人情報の流出には気をつけよう

自分でポスト（ツイート）する際には個人情報の流出に気をつける。たとえば写真をアップする際にはその人たちの同意を得ているか,映り込んでしまった人を特定できないようにするなど配慮が必要である。

類似ツールとの使い分け

類似するツールとしてSlackやFacebookがあるが,いずれもクローズドなコミュニティ向けのツールであり,基本的にはオープンな情報の収集には向かない。オープンなコミュニケーションには,Xを使う場合が多い。また,ResearchGateなど研究者用のSNSもあるが,リアルタイム性が低く,Xにはかなわない。

図2.5

実験系ラボの新人教育の実際

成川 礼 東京都立大学大学院理学研究科生命科学専攻

　筆者は2014年に静岡大学理学部にて独立研究室を立ち上げてから，現所属である東京都立大学でも独立研究グループを主催し続け，10年目の節目を迎えている。その大部分の期間において，大学内外の競争的資金を活用して特任教員の方々を雇用できているが，大学プロパーの教員としては，1人で研究室を運営している。

　研究室の学生配属状況は，前任校でも現任校でも，卒業研究生が2〜5人ほど，修士学生が学年ごとに1〜2人，博士学生が数年に1人といった具合である。そのため，筆者が主催する研究室は卒業研究生と修士学生がボリュームゾーンであり，比較的短期間（1〜3年）で所属メンバーが出入りしていく。学部や修士を終えた後は，外部進学する方もいるが，企業へ就職し，生命科学の研究とは異なる分野に参画する方も多い。

　このような状況下で，研究室の予算で頻繁に研究室メンバー全員分の有償ツールを購入するのは困難であり，また，所属メンバーに自前で有償ツールをインストールしてもらうのも難しい。そこで前任校で独立研究室を立ち上げてから，可能な限り無償・安価なデジタルツールを使用していくことを前提に，研究室を運営することを模索してきた。一方，筆者自身は高価なデジタルツールもいくつか使用している。

　本コラムでは，研究室運営のためのデジタルツール，論文執筆，作図，プレゼンテーション関連のデジタルツール，実験や研究に直接的に関わるデジタルツールについてそれぞれ記載していく。

研究室運営のためのデジタルツール

　研究室運営のためのデジタルツールとして，Googleカレンダー，Googleドライブ，Slackを活用している。研究室配属が決まった学生にはまず，これらのツールに登録してもらう。Googleカレンダーには，筆者の講義・会議の予定，ゼミの日程，学会・研究会などの日程を入力している。

　Googleドライブには，論文ゼミ資料，プロトコール集，研究室写真などを収納しつつ，発注や液体窒素利用記録の管理も含めている（**図1**）。プロトコール集については，新人は閲覧者として登録し，コメントのみできる形の制限をかけている。

　Slackでは複数のチャンネルを開設し，連絡の内容ごとに仕分けしている。基本的に，研究室メンバーに対してメールを介した連絡はせず，Slack経由での連絡となる。筆者の研究室では，厳密なコアタイムは設けていないが，基本的には平日10時に研究室に来ることにしている。私用・所用などで間に合わない場合，欠席遅刻連絡チャンネル内で報告することにしている（**図2**）。また，欠席

する場合も同様にこのチャンネルで報告する。帰る時間に関しては特に指定していないが，新人には，最初のうちは一人で実験しないよう伝えている。

　筆者の研究室の研究に関わる単語でPubMedの検索アラートを設定しており，検索にヒットすると，Slackの論文紹介チャンネルにヒットした論文の内容が自動的に投稿される（**図2**）。それ以外にも，メンバーが気になった論文を共有し，チャンネル内で議論することも多い。

論文執筆・作図・プレゼンテーション関連の
デジタルツール

　筆者自身は，論文執筆にはGoogleドキュメント，文献管理にはPaperpile，作図にはAdobe Illustrator，BioRender，プレゼンテーションにはKeynoteをそれぞれ使用している。

　所属メンバーの論文を執筆する場合には，Googleドキュメントを用いて共同編集する形を取り，修士までの学生が筆頭の投稿論文については，学生に文献情報をまとめてもらいつつ，筆者のPaperpileを使って引用文献を挿入していく。博士学生にはPaperpileの使用を推奨している。

　作図については，多くの学生は Microsoft PowerPointを使用しているが，一部の学生や特任教員の方々はAffinity Designerを

図1　成川研究室のGoogleドライブ

統合TV動画リンク集

NCBI BLAST の使い方 〜基本編〜 2017
https://togotv.dbcls.jp/20170321.html

研究支援・コラボレーションウェブツール Benchling の使い方
https://togotv.dbcls.jp/20180919.html

ApE（A plasmid Editor）を利用してプラスミドを設計する
https://togotv.dbcls.jp/20130527.html

MEGA7を使って配列のアラインメント・系統解析を行う
https://togotv.dbcls.jp/20171106.html

Pfamを使ってタンパク質のドメインを調べる 2017
https://togotv.dbcls.jp/20171212.html

分子可視化ソフト『Chimera』の使い方 2010
https://togotv.dbcls.jp/20100608.html

PyMOLを使ってタンパク質の構造を見る
https://togotv.dbcls.jp/20200312.html

AlphaFold DB を使って AlphaFold2で予測されたタンパク質立体構造を調べる
https://togotv.dbcls.jp/20220221.html

Google Colab 版公式の AlphaFold2.1 Notebook を使ってタンパク質立体構造予測をする
https://togotv.dbcls.jp/20220517.html

図3 成川研究室で参考にしている統合TV動画リンク集

図2 成川研究室のSlackのチャンネル

使用している。Affinity Designerは今どき珍しい買い切り型であり，Adobe Illustratorと使用感も近いということで，筆者自身もそちらに乗り換えたいと考えているが，なかなか重い腰を動かせないでいる状況である。

Googleドキュメントや Microsoft PowerPointの使用法については，特に新人教育において一律に指南する形は取らず，個別に指導する際に適宜対応している。Googleドキュメントは Microsoft Wordと使用感がほとんど変わらず，また，Microsoft WordやPowerPointについては，今どきの学生は中高生の頃から使用履歴がある人が多く，使用法を丁寧に指南する必要がないことが多い。

実験や研究に直接関わるデジタルツール

実験や研究に直接的に関わるデジタルツールについて記載していく前に，筆者の研究室で行っている研究の概要を紹介しよう。

筆者は酸素発生型光合成を行うシアノバクテリアを対象として，その光利用戦略を原子・分子レベルから生態レベルまで俯瞰して理解したいと考えている。現状では，原子・分子から細胞・細胞集団の階層までにとどまっているが，最終的には生態レベルまで広げていく構想をもっている。したがって研究は，基本的には原子・分子レベルから細胞レベルの解析に特化しており，分子生物学，生化学，細胞生物学などの研究領域のウェット実験を行っている。

そのなかでも，近年は光受容体タンパク質を天然の分子から網羅的に探索し，新規分子を発見する研究を進めつつ，発見した分子に網羅的変異導入を行うエンジニアリングの研究も展開している。さらに，発見・改変した分子群の結晶構造解析も進めている。

これらの研究においては，タンパク質の探索・配列比較，プラスミドの構築，変異導入，構造決定，得られた構造の可視化などの解析を，各種デジタルツールを駆使して進めていくことになる。各解析で使用しているツールを紹介しつつ，それらの使用法の新人への伝達について記載したい。

分子の探索と配列解析

分子の探索については，NCBI BLASTを使用している。我々が対象としている光受容体タンパク質はマルチドメインタンパク質で，光感知領域は単一のドメインから構成される。そのため，BLAST検索によって候補分子が発見できた場合，それを Pfamや SMARTでドメイン検索して，ドメイン構成を調べる。

さらに，既知の光感知領域と比較するために，新規の光感知領域の配列を切り出して，MEGA7を用いて多重配列アラインメントを作成し，詳細な配列比較を行う。その比較の結果を用いて，新規の分光特性を持つと期待される分子群を網羅的に解析するという流れである。

一連の解析で用いるデジタルツール群については，統合TVにその使用法の解説動画が存在しているため，それを参照してもらうことにしている。上述したGoogleドライブのプロトコル集のフォルダの中に，統合TV動画リンク集の文書を収納しており，その文

書を開くと各ツールのリンク一覧にアクセスすることができる（図3）。これらのツールの当研究室での使用法は，当研究室特有のやり方というものではないので，動画リンク集以外の説明を研究室として特に指南する枠組みは設けていない。

変異導入の情報の管理

実験対象の光感知領域が決まると，その領域をPCR増幅し，大腸菌で異種発現するためのプラスミドに導入する必要がある。最近は，発見した実験対象分子がメタゲノム解析由来の場合も多く，その場合は実験的にPCR増幅することが困難であるため，合成遺伝子として外注している。

プラスミドにクローニングした配列に関して，情報をデータとして管理するには，専用のデジタルツールが必須である。筆者が学生だった頃には，有償ツールである**GENETYX**を使用していたが，冒頭で述べたように安定的に研究室を運営するために，可能な限り無償・安価なツールを使用するという観点で，**ApE**（A Plasmid Editor）というプラスミド編集ツールを最近まで使用していた。NCBIから取得したFeature情報の組み込まれたファイルを読み込むと，それらのFeature情報を自動的に取り入れて表示してくれる。さらに，自分で配列の編集や挿入などもできるため，構築予定のプラスミド配列をApE上で作成できて，制限酵素サイトの情報などを取得できる。また，この配列上にプライマーなどの情報を追加することも可能である。

しかしながら，プライマーの配列が元の配列と同一でないと登録できないため，変異体を作製するためのプライマーを設計する場合，作製する変異体に対応する元の配列ファイルを新たに作成し，そこにプライマー情報を付加する形になる。筆者の研究室では，1つの分子に数十個の変異を個別に導入することがあるため，それらの配列情報をApEで管理しようとすると，ファイルの数が膨大になるという欠点があった。また，ApEはその名の通りプラスミド編集ツールであるため，タンパク質配列を解析対象として扱うことができない。そのため，全長タンパク質の配列から特定の領域の配列のみを切り出すなどの作業ができない。

そのような状況下で，最近，筆者の研究室に特任助教として参画した方がBenchlingというウェブベースのデジタルツールを使用していると聞き，研究室に導入することになった。

変異導入の情報を便利に管理できるBenchling

Benchlingはアカデミア所属であれば，無償で使用できるツールである。まずはメールアドレスで個人のアカウントを作成し，その後，研究室のグループアカウントを作成すると，そのグループ

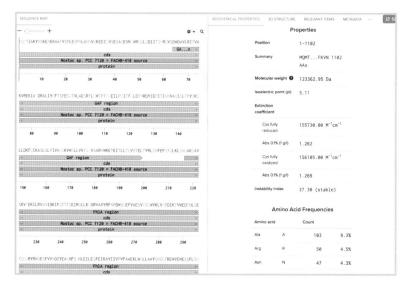

図4　Feature情報も含めて取り組んだタンパク質配列のBenchlingでの表示画面

に研究室メンバーを招待することができる。個人のアカウントは複数のグループに所属することが可能である。グループ内でフォルダ，ファイルを共有することができるため，プライマー情報などの登録されたファイルを研究室全体に共有できる。また，DNA配列だけでなく，タンパク質配列も編集可能である。NCBIからタンパク質の配列をFeature情報も含めた形でダウンロードしてBenchlingで読み込むと，図4のようにドメインの情報なども可視化され，アミノ酸組成やpI（等電点）などの情報も記載される。

筆者の研究室では，天然分子の解析にとどまらず，網羅的な変異導入を行うため，さまざまな変異導入のためのプライマーを設計することになる。前述したようにApEを使用していると，個別の変異体ごとに元の配列ファイルを用意してプライマー設計をしなければならないが，Benchlingであれば，野生型の配列ファイルに対して，変異を導入したプライマー配列を貼り付けることが可能であるため，図5のように1つの配列ファイルの中で数多くの変異体作成用プライマーを貼り付けて管理できる。

さらに，標的分子にランダム変異を導入し，取得した変異体分子群の配列をサンガー法によって塩基配列を決定した際，それらの配列をまとめて野生型の配列と比較することが必要になる。そこで，サンガー法の生データをBenchlingで読み込むと，図6のようにそれぞれの配列の変異箇所がハイライトされ，アミノ酸配列レベルでの変異も同時にハイライトされるため，ランダム変異の結果を解釈するのにきわめて優れたツールといえる。

Benchlingの使用法については，統合TVで動画として解説されている。基本的にはそちらを参照する形で新人指南は行っていく予定だが，前述したような網羅的な変異体の設計や変異体配列の比較解析については，研究室独自の使用法を組み合わせているた

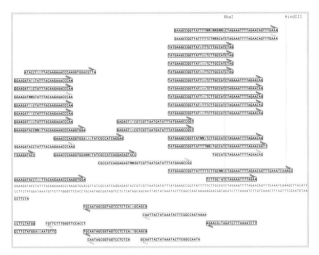

図5 野生型配列に変異プライマーを貼り付けたBenchlingの画面

め、後述する分子可視化ソフトであるChimera同様、研究室内で共有できるチュートリアル動画を作成予定である。

構造の決定と可視化

次に、標的分子の構造決定と構造の可視化を行う。筆者たちの研究室では、X線結晶構造解析を共同研究者とともに進めている。結晶化の条件検討までを筆者たちの研究室で行い、X線照射以降の解析は共同研究先に依頼している。その上で、最終的に得られた電子密度マップとPDB（蛋白質構造データバンク）ファイルを自ら可視化して、構造に関する深い考察を進める。

電子密度マップとPDBファイルを重ね合わせて可視化する場合、Cootというデジタルツールを使用するが、現状では、構造解析に実際に従事するメンバーしか使用しないため、マニュアルを共有するなどは行っていない。一方、PDBファイルのみを可視化する際はChimeraを使用している。Chimeraは、自ら構造を決定した

分子以外の構造の可視化にも広く使用しているので、多くの研究室メンバーが利用している。Chimeraの使用法については統合TVの動画で解説されているので、基本的にはそれを参照してもらう。その上で、研究室独自の使用法を組み合わせているので、構造解析に従事している研究室メンバーに動画の作成を依頼したところ、ムービーメーカーを用いて、1週間足らずで作成してくれた。若い人たちのデジタルツールへの親和性の高さには圧倒される。図7および図8のように、光受容体分子に特化した使用法も含めた丁寧なチュートリアル動画となっている。

解析ツールの情報を更新していく

生命科学系の研究においては、ウェット解析もドライ解析も、その手法の刷新頻度が極めて高い。そのため、定期的に解析ツールの最前線をチェックすることが肝心である。Benchling導入時のように、研究室に新たに参画してくれたメンバーの使用しているツールを導入するような流れはよくあるだろう。

それ以外に、積極的にツールを更新する手段として、SNSを活用することが有効と感じている。筆者はX（旧Twitter）のヘビーユーザーであるが、ウェット解析・ドライ解析ともに定期的に使用しているツール群について、X上でアンケート調査をしている。そのアンケート結果や、アンケートへのコメントなどを通じ、新しいツールの情報を得ることにも成功している。筆者自身のための情報収集法だが、このような方法によって、研究者コミュニティ全体でインフラやTipsなどがなるべく共有され、それらについてはあまり差がない形にして、その上で、研究の中身で切磋琢磨するような研究者コミュニティの形成に寄与できればと思っている。

本コラムに記載したツール群についても、後年には他のツールに置き換わっていくであろうが、個別のツールというよりは、それらのツールを研究室で効率的に使っていくための枠組みを、このコラムで共有できていれば幸いである。

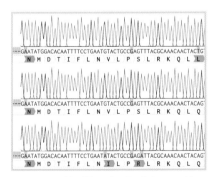

図6 サンガー法の生データをBenchlingで読み込んだ画面

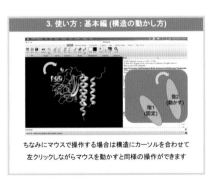

図7 Chimeraの使い方を解説する研究室独自の動画（構造の動かし方）

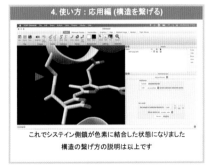

図8 Chimeraの使い方を解説する研究室独自の動画（構造のつなげ方）

ドライ系ラボの新人教育の実際

尾崎 遼 筑波大学医学医療系生命医科学域バイオインフォマティクス研究室／筑波大学人工知能科学センター

生命科学分野のドライ系ラボでは，計算機を用いて，大規模データ解析や，アルゴリズムやソフトウェアの開発を行う。ドライ系ラボでの新人教育にデジタルツールがどう活用されているかを，筆者が主宰する研究室を一例として紹介しよう。本コラムで紹介するツールは，有料と記載のない場合はすべて無料である。

「ベンチ」を整える

ドライ系ラボでは，ウェット実験を主な研究の手段として用いるウェットラボ（wet lab）とは対照的に，計算機（コンピュータ）を主な研究の手段として用いる。扱う研究テーマは，大規模データの解析といったデータサイエンスやモデリングの側面が強いテーマから，新規なアルゴリズムやソフトウェアの開発といった情報科学的側面が強いテーマまでさまざまである。どちらの場合でも，研究をしている時間には1日中パソコンの前にいることが多い。いわば，パソコンを触る場所がウェットラボにおける「ベンチ」となる。というわけで，まずベンチの整備を行う。

● 広いデスク　ベンチは広いほうがいい。
● 個人用ノートパソコン　ノートパソコン自体もしくはノートパソコンからサーバーに接続して研究を行う。
● サブディスプレイ　ベンチは広いほど研究を進めやすくなる。プログラミング作業などの際には，片方でウェブページを見ながら，エディターでプログラムを書くといったことを行う。そこで，学生それぞれに1台以上のサブディスプレイを用意する。

プログラミングを日常にする

はじめの一歩

まず，手を動かすことによってプログラミングに慣れてもらう。そこで，環境構築が不要な **Google Colaboratory**（https://colab.research.google.com/）を用いて，Pythonプログラミングから始めてもらう。教材としては，ボタン1つでGoogle Colaboratoryでの実行が可能な，東京大学数理・情報教育研究センター制作の「Pythonプログラミング入門」（https://utokyo-ipp.github.io/）や東京工業大学の岡崎直観先生制作の「機械学習帳」（https://chokkan.github.io/mlnote/index.html）を用いる。また，バイオインフォマティクスのプログラミングの入門的な書籍も必要に応じて使ってもらう。

Visual Studio Code, GitHub Education, GitHub Copilot

Visual Studio Code

ドライ系ラボでは，ターミナルなどのCUI（文字ベースのインターフェース）と普段使うパソコンのGUI（グラフィックベースのインターフェース）では，前者を使う時間が長い。一方，GUIに慣れ親しんできた初学者には，CUI特有のパスやカレントディレクトリといったディレクトリ構造周辺の概念に慣れるのが難しい。そこで，**Visual Studio Code**（VS code）（https://code.visualstudio.com/）をおすすめする。VS codeはGUIのコードエディタであり，エクスプローラー（ファイルツリー）のパネル，コードエディタのパネル，ターミナルのパネルなどを備えている。そのためユーザーはファイル操作はGUIでやりつつ，CUIでコマンドを実行するといったことができ，初学者のハードルを下げられる。さらにRemote - SSH拡張（https://code.visualstudio.com/docs/remote/ssh）を利用すれば，ローカル環境のVS codeからサーバー上での操作ができる。これにより，遠隔の計算機の利用時でも，ターミナルでの操作のみならずGUIでのファイル操作やコード編集を行えるため，遠隔サーバー利用のハードルを格段に下げてくれる。

GitHub

GitHub Education（https://education.github.com/）は，学生や教育者向けに**GitHub**の有料機能の一部が無料で使えるようになるプログラムである（GitHub Educationの申請方法は公式ドキュメント〔https://docs.github.com/ja/education/quickstart〕に詳しい）。学生の場合はGitHubのProプランが使えたり，教員の場合は**GitHub Team**が使えたりと，メリットが多い。特に便利なのが **GitHub Copilot**（https://github.com/features/copilot）を無料で使えることだ。GitHub CopilotはVS Code上で，AIによるプログラミング支援を受けられるサービスである。例えば，コードの中にコメントで「CSVファイルを読み込む」と書いて改行すると，コメント通りのコードを提案してくれる。逆に既に書いてあるコードの直上の行にテキストカーソルを移動すると，そのコードの内容をきちんと反映したコメントを提案してくれる。

GitHub Copilotによってデータ解析やソフトウェア開発の学習の効率が向上する。さらに，**RStudio**でも2024年1月のリリースから正式にGitHub Copilotを利用できるオプションが追加され，VS Code以外でもGitHub Copilotの恩恵を受けられるようにな

りつつある。

仕草を学ぶ：SSH, tmux, conda, git

特に，サーバーにログインして計算する場合，ssh（サーバーにSSH接続する），tmux（1つのターミナル上で複数のセッションを立ち上げて利用する），conda（パッケージ管理ツール），git（バージョン管理ツール）といったコマンドラインツールの使用が必要となる。しかし，それぞれのコマンドの公式ドキュメントをいきなり読み込んでもらうのではなく，日々の研究に最低限必要な「仕草」（連続する操作の列）を習慣づけることを初期の目標にしている。

例えば，サーバー上ですでに起動しているセッションに入り，特定のconda環境をアクティベートする場合の仕草は以下のようになる。

1 ターミナルを起動する。
2 サーバーにSSH接続する（sshコマンド）。
3 すでに起動しているtmuxのセッションにアタッチする（接続する）（tmuxコマンド）。
4 特定のconda環境をアクティベートする（condaコマンド）。

教育内容の伝達手段のデジタル化

ドライ系ラボにおける教育内容はデジタル化に向いている。ウェットラボでは実験ノウハウや研究室の使い方は言語化がまだまだ難しいため，物理世界で対面で教示する必要がある。一方，ドライ系ラボでの研究活動のほとんどは計算機の中で完結し，また，計算機とのやり取りは文字ベースで行うため，デジタル化が容易である。

文書化

教育内容はなるべくウェブ上でアクセスできる文書にしている。これにはいくつかメリットがある。まず，ドキュメント化しておくと，同じ内容をメンバーごとに繰り返し説明しなくても，文書へのリンクを渡せば済む。また，口頭では多くの事項が漏れてしまうが，文書を読むとメンバー自身のペースで進めることができる。さらに，ドライ系ラボでは，さまざまなツールのドキュメントやREADMEを読んでインストールや利用を進める場面が多いため，教育内容が書かれた文書を読むことで「文書だけが与えられた状態で自分で作業を完結する」という経験にもつながる。

文書の共有の方法としては，主に，共有ドキュメントサービスのesa（https://esa.io/）（「エサ」と呼んでいる）を用いている。esaはマークダウン形式で記事を書き，記事をディレクトリ構造やタグで整理することができる。類似のツールにDocBaseやQiita Teamなどもあるが，esaはアカデミック利用の場合は無料で使えるなどのメリットがある。

例えば，以下のようなことを文書化している。

● ラボに入って最初にやってもらうことのリスト　ZoomやSlack，

Visual Studio Code といったGUIアプリケーションのインストール，パッケージ管理ツール（conda，homebrewなど）のインストール，ラボのプリンタの使用方法
● サーバーへのアクセス方法　SSH鍵の作成方法，ラボのサーバーのIPアドレスやポート番号
● 研究に使うツールの使い方　tmuxの使い方など

画像化

GUIの操作については，文字で表すのはまだまだ難しい。GUI上での操作は，ウェブツールやデータベースだけでなく，GitHubなどのプログラマ向けのウェブサイトでも必要となる。そこで，画面のスクリーンショットに対して注釈付けをした図を作成することで教育やコミュニケーションを円滑にできる。そのためには，画面のスクリーンショットに，文字や矢印を書き込んだ画像を作成できるアプリを使用すると便利だ。例えば，矢印を使ってどのボタンを押せばいいかを示したり，入力すべき内容を画面内に文字で示したり，あるいはモザイクを入れて個人情報などを隠したりできるからだ〔筆者はこのようなアプリとしてSkitchを利用しているが，残念ながらSkitchのサービスは終了したようだ（https://news.ycombinator.com/item?id=39654827）〕。

動画化

ツールの使い方を伝えるには，文書や写真よりも，操作している様子の動画を示すほうが伝わりやすい場合も多い。そのようなときは，Zoomの録画機能を使っていたが，最近はSlackに内蔵されている動画クリップの作成機能（https://slack.com/intl/ja-jp/help/articles/4406235165587）を利用している。これにより，新しいツールやデータベースについて「こんなふうに使うよ」という動画を作成し，MP4形式でダウンロードすることもそのままSlackに投稿することもできる。

研究の記録のためのツール

ドライ系ラボでも実験ノートは必要となる（参考：東京大学の笠原先生の2015年の発表資料 https://www.slideshare.net/mkasahara/ss-56193523）。結果が妥当かについてデータ前処理まで戻って検証する必要があったり，論文を書く際にはバージョン情報が必要になるなど，トレーサビリティの確保はウェットでもドライでも同様である。個人的にはラボにおける実験ノートでは以下の項目を重視している。

● 最低限やったことをあとでたどれるように，デジタルツールで自然言語の記録をつける。
● 実行したコードを残す。できればGitによるバージョン管理を行う。
● 記録やコードをウェブサービスを利用してプロジェクトメンバーと共有する。
● 1次記録（＝実験ノート）とは別に2次記録をまとめる。

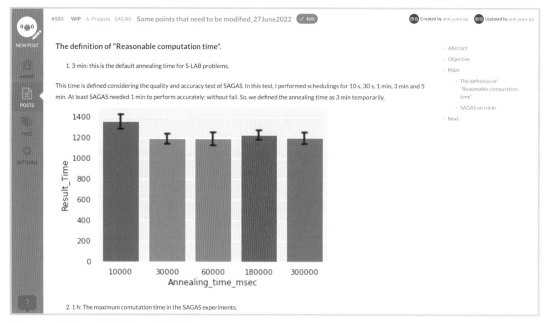

図1　esaを使って実験ノートを書く例

この例では，学生が英語で実験ノートを書いている。自身の開発したソフトウェアのハイパーパラメータが結果に及ぼす影響を計算機実験で検討した結果を棒グラフにしている。

自然言語での記録の共有については，上述のesaやGoogleドキュメントなどで記録を書いてもらうようにしている（**図1**）。これにより，なるべくいつでも見られる状態になる。ローカルのWordやPowerPointへの記録だと，本人以外からのアクセスがしづらく，本人から見せてもらうというワンクッションが必要となってしまう。ただし，誰もが互いに閲覧や編集ができると怖いという人もいるので，Googleドライブでの共有設定でプロジェクトごとに権限を変えるなどの配慮をしている。

コードの共有については，オンラインリポジトリ共有サービスであるGitHub（`https://github.com/`）を利用している。ラボのGitHub Organizationを用意し，そこにプライベートリポジトリを立ててもらうようにしている。コードを共有しているとトラブルがあったときに他の人にコードを見せながら相談できるといったメリットがある。

また，2次記録として，実験ノートとは別にGoogleスライドで「全部入りスライド」の作成をすすめている。「全部入りスライド」では，1枚のスライドに1つの結果およびそれに対応した目的・方法・結果・考察・結論をすべて入れてしまう。発表用と違って文字サイズは小さくなってもいいので，1枚にまとめることで自分の頭の整理にもなるし，論文執筆がスムーズになる。また，実験を始める前にスライドタイトルをつけておくと結果をまとめるときによい。

コミュニケーションのためのツール

遠隔対応

ドライ系ラボでは，地理的，時間的制約が少なく，リモートワークが比較的容易である。そのため，筆者の研究室ではコアタイムなどは設定せず，学生には研究室に来ても自宅など研究室外で研究をしてもよいと伝えている。また，ラボセミナーもZoomを用いて遠隔での参加が可能である。一方で，遠隔ではちょっとしたことが聞けないなどの欠点もある。そのため，1～2週間間隔でミーティングを定期的に設定するほか，非同期で状況を把握できるデジタルツールの活用を行っている。

Zoomによる同期コミュニケーション

ラボセミナーも，Zoomを用いて遠隔からの参加が可能である。また，研究プロジェクトのミーティングであっても，メンバーの都合に合わせて対面とZoomを使い分けている。最近アバター機能も使えるようになったので，カメラをONにしづらいときでもコミュニケーションが可能である。

共同研究者などラボ外の人との遠隔での同期コミュニケーションにはZoomを日常的に用いている（共同研究者相手によってはTeamsなどが使われる場合もあるが，Zoomの手軽さや安定性は圧倒的であるように思う）。メールでもやり取りは行うが，キックオフや込み入った相談が必要な場合には，やはり同期コミュニケーションが優れている。

図2　Slackのチャンネル

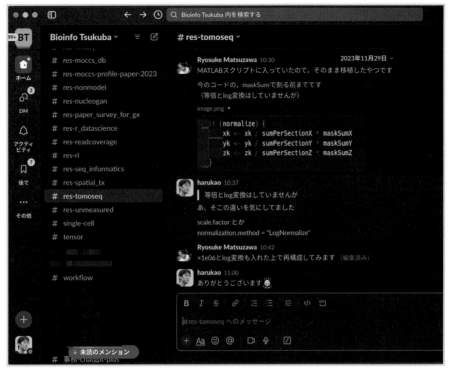

Slackによる非同期コミュニケーション

　非同期コミュニケーションツールとして，チャットツールのSlackを利用している。研究室用のワークスペースでは，過去のログを検索できるように有料プランを設定している。以下のようなチャンネル運用にしている。

- 研究に関すること　各研究プロジェクト用のチャンネル。ほとんどがパブリックチャンネルである。チャンネル名の頭文字に「res-」をつける（図2）。
- 共同研究に関すること　各研究プロジェクト用のチャンネル。プライベートチャンネルにすることが多い。先方もSlackの有料プランを利用している場合は，Slackコネクトを用いると便利。単発案件は，シングルチャンネルゲストでこちらのワークスペースに参加してもらうこともある。チャンネル名の頭文字に「colab-」をつける。
- プログラミング関連の情報共有・トラブルシュート　公開チャンネル。全般用，R用，Python用などがある。チャンネル名の頭文字に「dry-」をつける。
- 研究関連の情報共有
  - randomなど　細かいトピックについてサブチャンネルを作成することもある。
- ラボ全体関連
  - announcement　大学内のメーリングリストで回ってきたお知らせを転記する（停電の日程など）。

- ・ラボセミナー関連　ラボセミナーや輪読会関連。チャンネル名の頭文字に「lab-」をつける。
- 事務チャンネル　諸々の事務に関すること。メンバーごとに作成し，そのメンバーとPIと秘書さんだけのプライベートチャンネルにしている。チャンネル名の頭文字に「事務-」をつける。
- ダイレクトメッセージ　その他の個人的な事項。

　また，有料プランの場合，Slackコネクト（Slack Connect）を利用することができる。これは，チャンネルを異なるワークスペースの間で共有するように使える。そのため，自分が普段使っているワークスペースにいながら，他のワークスペースの人とやり取りができて便利である。

　その他，SlackのApp（機能拡張）も利用している。例えば，X（旧Twitter）用のAppを追加すると，Xのリンクをポストするだけでその内容が展開され，論文やツールの情報をワンクリックさせることなしに共有できて便利である。また，研究プロジェクト用のGitHubリポジトリと連携する機能により，GitHub上でコミットなどの更新情報をSlackに自動でアラートさせることもできる。

SNS

　X（旧Twitter）は，日本および海外の研究者が論文や研究ノウハウについての情報共有をするほか，特に海外の研究者はさまざまな議論をしていて有用であるため，メンバーにもアカウントを作

ることをすすめることがある。しかし，自由に利用してもらうため，アカウントを教員に伝えることは求めていない。また，SNSの利用や発信については，所属している大学のルールはあるものの，研究室単位では特にルールは定めていない。

その他，SNSではないが，論文を初めて投稿する際には，研究者識別用のIDであるORCiD ID (https://orcid.org/) の登録をすすめている。

Googleカレンダー

Googleカレンダーでは，「PIの予定のカレンダー」と「ラボのカレンダー」をラボ内で共有している。「PIの予定のカレンダー」からは，他のメンバーがPIの予定を確認できる（内密の案件については予定がブロックされていることだけを表示するようにしている）。これによりメンバーは，空いている時間PIに尋ねることなくそれを把握できる。また，「ラボのカレンダー」には，ラボや大学全体に関すること（法定停電や大学院の中間審査など），メンバーの長期休暇の予定，学会要旨の締切などを書きこんで共有している。

ツール活用・プログラミングのハードルを ChatGPTで下げる

ChatGPT (https://chat.openai.com/) は，学習や研究を前に進めていく上での障害を取り除くポテンシャルを秘めており，日々試行錯誤しながら活用を進めている。有料プランであるChatGPT Plusでは，言語モデルとしてGPT-4を選択できたり，拡張機能を利用できたり，応答時間が速くなったりとメリットが多く（2024年2月現在），筆者の研究室でもメンバーに利用できるようにしている。

ChatGPTでコードの解説をしてもらう

チュートリアルのコードをなぞっただけでは1つ1つのコードの意味を理解できないことは多い。コードの意味をきちんと理解しようとすると，公式ドキュメントの該当箇所を参照するか，1つ1つの関数についてググるか，専門家に尋ねるくらいしかできなかった。しかし，ChatGPTでは「以下のコードを1行ずつ解説してください」というプロンプトのあとにコードを並べることで，それぞれの関数やオプションの意味を丁寧に解説してくれる。これは初学者が「何も考えずにコードをコピペして実行する段階」から「コードの意味を理解しようとする段階」に進む際に非常に助けとなる。

ChatGPTでREADMEやドキュメントを翻訳する

新しいツールやライブラリを試そうとしたときに日本語の資料がないときには，英語のREADMEやドキュメントを読むことが（特に非英語話者の）初学者にとってハードルとなる。これは，英語読解自体の難しさに加え，バイオインフォマティクスやプログラミングについての慣れない専門用語や概念が英語だと余計に理解しづらいためである。今やこの問題も，ChatGPTで解決できる。

ChatGPTに，READMEの文章や，（URLのリンク先の情報を参照するChatGPTプラグインを使用する場合は）URLとともに「日本語でインストール手順を解説して」「日本語に翻訳して」といったプロンプトを用いることで，即席の日本語資料を作ってくれる。

ChatGPTにお手本のコードを作ってもらう

使ったことのないライブラリや関数を使う場合，公式ドキュメントに記載されている例だけでは自分の使いたい用途に不十分であることも多い。そこで，ChatGPTで，文脈（コンテキスト）を入れつつ，「この関数で，△△オプションを使って〇〇ということをやりたい。具体例を作ってください。」などとプロンプトを書くと，まるでブログ記事のように具体例を解説付きで作ってくれる。

ChatGPTでプログラミングのトラブルシュートをする

エラーが発生したら，エラーメッセージを読んだ上で，検索したり公式ドキュメントを参照したりすることが鉄則である。しかし，たいていの場合，自分の実行したコードがそのまま，QAサイトや公式ドキュメントに書かれていることはない。そのため，書かれている内容をある程度抽象化した上で，自分自身の文脈に寄り添わせることが必要となるが，これも初学者にとってハードルとなる。これに対し，「〇〇ということをしようとしたら，以下のようなエラーメッセージが出ました」というように，文脈とエラーメッセージをChatGPTに書くことで，自分が書いてるコードや取り組む課題に対して，より寄り添った形での回答を得られることが多い。ただし，このようなツールの利用が，将来的に抽象化能力や類推能力の訓練の妨げになるリスクについては今後の検証が待たれる。

ChatGPTで英語のメールやGitHub Issueの文面を作る

デジタルツールの利用においても英語でのコミュニケーションが必要となる場合がある。例えば，デジタルツールを使ってエラーが出た場合，ツールの作者にトラブルシュートの方法を尋ねたり，エラー報告をすることで，問題解決に近づける。また，論文に書かれたデータ解析が再現できない場合，論文の著者にデータ前処理などについて質問したくなることもある。その際，やはり英語がハードルとなる。しかし，ChatGPTであれば，日本語で，内容を箇条書きやマークダウン形式で書いて，「以下の内容を英語でGitHub Issueに投稿するように書いてください。テンション高めで」といったプロンプトにより，投稿用の文章を書いてくれる。

プログラミングを「研究室での日常」にしてもらうために，とにかく慣れること，困ったときは参照できるものを共有化しておくこと，自分の結果をプロジェクトメンバーがすぐ見られる場所においてもらうことが大事である。最後に，ラボ教育におけるデジタルツールの活用の試行錯誤に常日頃から付き合っていただいている，筆者の研究室のメンバーに心より感謝する。

Googleドキュメント, スプレッドシートで書類を作成する

▶ ▶ ▶ 小野浩雅　プラチナバイオ株式会社 事業推進部／広島大学ゲノム編集イノベーションセンター

Googleドライブ (https://www.google.com/drive/) は, Googleが提供するクラウドストレージおよびファイル共有サービスである。ウェブブラウザ上で文書や表計算シート, スライドなどを作成・編集し, 共有することができる。**共有されたファイルは複数の人が同時に編集できる**ため, 共同作業の際にメールのやり取りやバージョン管理の手間が省ける。この特長から, 生命科学分野の研究室でも, 研究計画の作成や論文執筆, 実験プロトコルの共有などに広く利用されている。また, 実験データの記録や管理に加え, データ解析や可視化にも頻繁に使用される。

本章では, GoogleドキュメントおよびGoogleスプレッドシートの基本的な使い方として, ファイルの作成, アップロード, 編集, 共有, 共同編集の方法などについて紹介する。

Google ドキュメントとGoogle スプレッドシートでできること

- パソコン, タブレット, スマートフォンから, ファイルやフォルダをアップロード, 編集, 共有, 共同編集ができる。
- 複数人がリアルタイムに編集でき, 変更履歴は自動的に保存される。
- ファイルやフォルダの共有範囲はメールアドレスや組織のドメインごとに柔軟に設定できる。
- スタイルやフォーマットなどを指定可能な高度な文書作成機能が利用できる (Googleドキュメント)。
- 数式や関数を利用したデータ集計, 計算機能を用いた簡易的な統計計算も可能 (Googleスプレッドシート)。
- Googleアカウントを介したシームレスな連携機能が活用できる。

■ MEMO

Googleアカウントを取得する

Googleドライブの各機能を利用するためには, Googleアカウントが必要だ。アカウント取得はhttps://www.google.com/account/about/ 参照。第1章の2ページも参考に。
個人のGoogleアカウントを利用する場合は1アカウントあたり15 GBをクラウドストレージとして無料で利用可能である。所属機関によっては, Google社が提供する教育機関向けのクラウドサービス (Google Workspace for Education) を契約している場合があり, クラウドストレージの上限が大きくなったり, 組織のアカウントに限定したファイル共有機能などが使える。

こんな場面で便利！

Googleドキュメントは研究計画の作成や論文執筆でよく使われる

- 研究計画書や論文の下書を, 他のメンバーとリアルタイムで情報共有したり, コメント機能で意見交換したりしながら修正できる。
- 実験手順や器具操作を文書化し, チームメンバーや新入生と共有。迅速に修正や更新も可能。
- モバイルで使えば (Googleドライブアプリが必要), 実験室でもデータ入力・確認できて便利。
- 43ページのコラム「こんな場面で便利！」も参照するとよい。

▶ Googleドキュメントの使い方

（1）新しい文書を作成して見出しを設定する

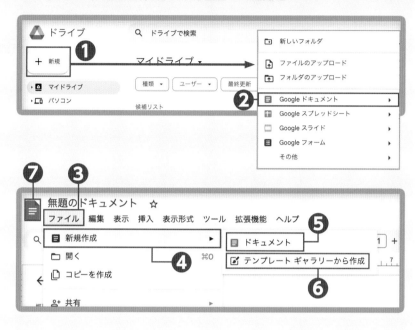

文書の新規作成

新しい文書を作成するためには，Googleドライブのホーム画面から「新規」（❶）をクリックし，「Googleドキュメント」を選択する方法（❷），あるいは，すでにGoogleドキュメントを開いている場合は，メニューバーから「ファイル」（❸）→「新規作成」（❹）→「ドキュメント」（❺）を選択する方法がある。

テンプレートギャラリーから新規文書を作成

「空白」の文書のほかに，小論文やレポート，議事録などのテンプレートが豊富に用意されており，「テンプレートギャラリー」から選択できる。❻を選択，あるいは画面左上のアイコン（❼）をクリックして出てきた画面で，「テンプレートギャラリー」を選択すると，テンプレートの選択画面に移ることができる。

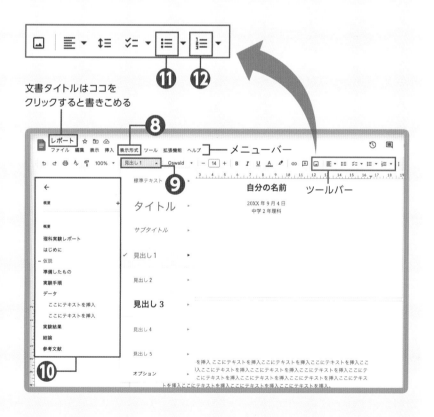

文書タイトルはココを
クリックすると書きこめる

見出しを設定する

テキストの入力や編集は，一般的なテキストエディタと同様に行える。文字のスタイルやフォーマットを変更したい場合は，メニューバーの「表示形式」（❽）→「段落スタイル」から，あるいはツールバー（❾）から適切なオプションを選択できる。構成に合わせて，「見出し」を適切に設定することで階層的で読みやすい文書を作成できる。また「見出し」を設定すると左側に目次のように「ドキュメントの概要」が自動的に生成され（❿），該当箇所にすばやく移動可能だ。

箇条書き・番号付きリストを作る

文章の該当箇所を選択したのち，ツールバーのそれぞれのアイコンをクリックする（箇条書きは⓫，番号付きリストは⓬）。リストの階層を変えたい場合は，Tabキー（1段下げ）とShift+Tabキー（1段上げ）を用いる。

（2）他の人と文章を共同で編集する

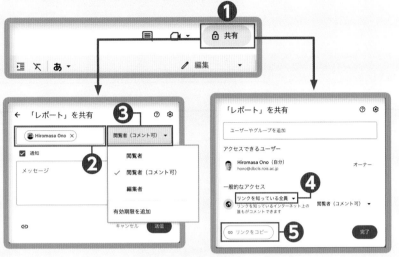

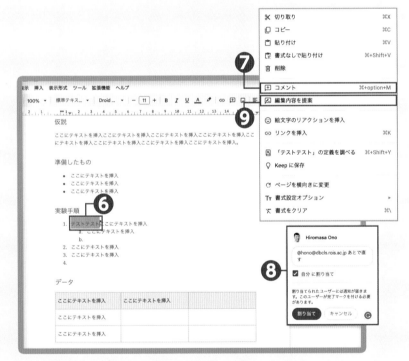

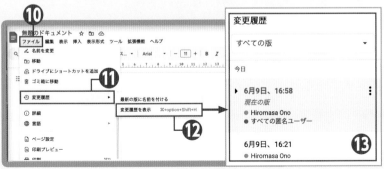

文書を共有する

Googleドキュメントの最大の利点は，共同編集機能。ほかの人と文書を同時に編集できるため，複数人での共同作業が容易になる。

文書を共有したい場合は，右上の「共有」（❶）をクリックし，共有する相手のメールアドレス（Gmail以外も可）を入力する（❷）。編集権限や閲覧権限を制限することもできる（❸）。
個別に設定する以外にも「一般的なアクセス」を「リンクを知っている全員」（❹）に変更し，「リンクをコピー」（❺）して通知することで一度に多くのメンバーと文書を共有・共同編集することができる。

コメント機能で意見交換

コメント機能も便利だ。文書内の特定の部分にコメントを記入することができ，ほかの人とのコラボレーションをスムーズに行うことができる。コメントは，選択したテキスト（❻）に対して右クリックし，「コメント」（❼）を選択することで作成できる。コメント内容に「@メールアドレス」を付記すると（❽），そのユーザーに通知され，別途連絡の手間を省くことができる。

同様に，右クリックメニューからは「編集内容の提案」（❾）をすることもでき，もとの文面と比較しながら推敲する際に役立つ。

変更履歴

変更履歴を記録する機能もある。メニューバーの「ファイル」（❿）→「変更履歴」（⓫）→「変更履歴を表示」（⓬）で，変更履歴が表示できるようになる（⓭）。これにより，各人が入力した内容を確認したり，文書の過去のバージョンを確認して，必要な場合にはもとの状態に戻すこともできる。

さまざまなダウンロード形式が可能

メニューバーの「ファイル」→「ダウンロード」から形式を選択できる。

▶ Googleスプレッドシートの使い方

（1）新しいシートを作成する

新規作成

Googleスプレッドシートは，オンライン上でデータの管理や計算，集計を行うための優れたツールだ。Googleドキュメントと同様に，Googleドライブのホーム画面から「新規」（❶）をクリックし，「Googleスプレッドシート」（❷）を選択するか，あるいはすでにGoogleスプレッドシートを開いている場合は，メニューバーから「ファイル」→「新規作成」→「スプレッドシート」を選択する。

新しいスプレッドシートが表示されると，それを自由に編集できる。セル内にデータを入力したり，数式や関数を使用して計算を行うことができる。

こんな場面で便利！

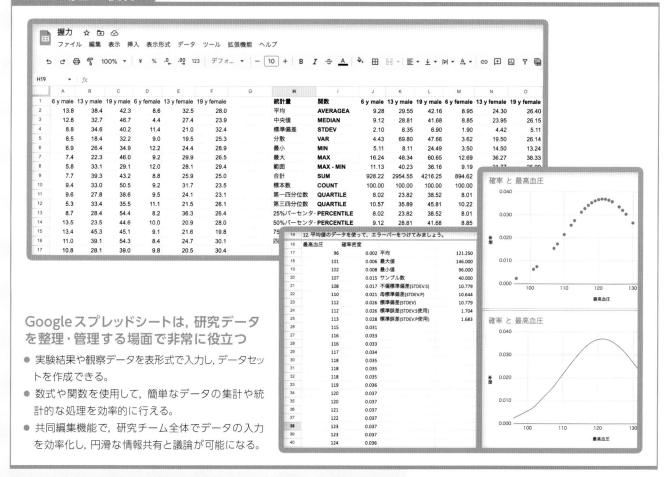

Googleスプレッドシートは，研究データを整理・管理する場面で非常に役立つ

- 実験結果や観察データを表形式で入力し，データセットを作成できる。
- 数式や関数を使用して，簡単なデータの集計や統計的な処理を効率的に行える。
- 共同編集機能で，研究チーム全体でデータの入力を効率化し，円滑な情報共有と議論が可能になる。

（2）関数を使って効率よく計算する

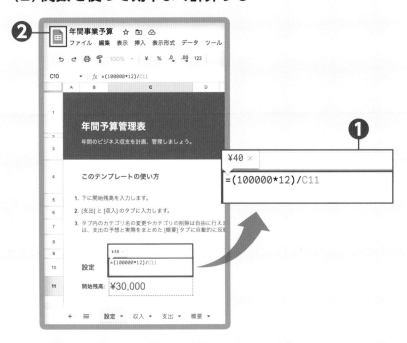

関数は=で入力する

数式や関数を入力する場合は，セルにまず「=」を入力し，続いて適切な関数名や数式を入力する（❶）。

テンプレートギャラリー

画面左上のアイコン（❷）をクリックして出てきた画面で，「テンプレートギャラリー」を開く。ToDoや予算管理表，スケジュール，ガントチャートなどのテンプレートが用意されている。

Tips 知っておくと役立つ関数リスト

詳細な使い方や構文，その他の関数については，Google公式のスプレッドシート関数リストを参照（https://support.google.com/docs/table/25273）。
FILTER，IMAGE，IMPORTRANGE，IMPORTHTMLの4つはGoogleスプレッドシート限定。他はExcelと共通の関数。

- **SUM**（合計）：指定した範囲のセルの合計値を計算する。実験データの合計やトータルの計算に使用する。
- **AVERAGE**（平均）：指定した範囲のセルの平均値を計算する。データポイントの平均を求めることができる。
- **MAX**（最大値）：指定した範囲のセルの最大値を返す。データセット内の最大値を特定できる。
- **MIN**（最小値）：指定した範囲のセルの最小値を返す。データセット内の最小値を特定できる。
- **COUNT**（数える）：数値を含むセルの数を数える。サンプルサイズを求めるのに使用する。
- **MEDIAN**（中央値）：指定した範囲のセルの中央値を返す。偏ったデータを扱う際に中央値が役立つ。
- **MODE**（最頻値）：指定した範囲のセルで最も一般的な値を返す。データセット内の最頻値を特定するのに役立つ。
- **PERCENTILE**（パーセンタイル）：指定した範囲のセルのk番目のパーセンタイルを返す。与えられたパーセンテージのデータがどの値以下に含まれるかを求めるのに役立つ。
- **STDEV**（標準偏差）：指定した範囲のセルのサンプルに基づいて標準偏差を計算する。データポイントの散らばりやばらつきを測定するのに役立つ。
- **STDEVP**（母集団標準偏差）：指定した範囲のセルの母集団に基づいて標準偏差を計算する。STDEVと類似しているが，母集団全体が利用可能な場合

に使用する。
- **VAR**（分散）：指定した範囲のセルのサンプルに基づいて分散を計算する。データポイントの変動を測定するのに役立つ。
- **VARP**（母集団分散）：指定した範囲のセルの母集団に基づいて分散を計算する。VARと類似しているが，母集団全体が利用可能な場合に使用する。
- **RAND**（乱数）：0から1の間の乱数を生成する。シミュレーションやランダムサンプリングに役立つ。
- **CORREL**（相関係数）：2つのセル範囲間の相関係数を計算する。変数間の関係や相関を判断するのに役立つ。
- **TTEST**（t検定）：2つのデータセットの平均値に有意な差があるかどうかを判断するためのt検定を実行する。仮説検定を行うことができる。
- **CONCATENATE**（結合）：2つ以上の文字列を連結する。テキストフィールドの結合やカスタムラベルの作成に使用する。
- **SPLIT**（分割）：指定されたテキストを指定された区切り文字で分割する。テキストデータを必要な要素に分割して扱いやすくする。
- **FILTER**（フィルタリング）：指定した条件に基づいてデータをフィルタリングする。条件に基づいてデータの特定のサブセットを抽出するのに使用できる。
- **IMAGE**（イメージ挿入）：指定した画像のURLや画像データをスプレッドシートに挿入して表示する。スプレッドシート内に視覚的な情報を追加することができる。
- **IMPORTRANGE**（別のスプレッドシートから指定した範囲をインポート）：Googleスプレッドシートで別のスプレッドシートからデータをインポートする。異なるスプレッドシートからデータを取得し，関連する情報を更新することができる。
- **IMPORTHTML**（HTMLページ内の表やリストからデータをインポート）：ウェブページからデータをインポートする。指定したURLから表やリストなどのデータを取得してスプレッドシートに表示することができる。

（3）グラフやチャートを簡単に作成できる

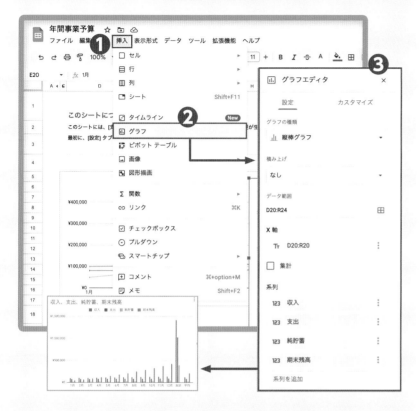

グラフやチャートを作成する

データを選択し，メニューバーの「挿入」（❶）→「グラフ」（❷）を選択し，画面右に現れる「グラフエディタ」（❸）で適切なグラフやチャートを選択する。

すでに入力されたデータの構造を自動的に判定して，適切と思われるグラフが作成されるが，修正したい場合も「グラフエディタ」で行う。グラフの種類やデータ範囲，ラベル名などを柔軟に変更できる。

グラフ作成機能を活用することによって，データの視覚的な分析や，プレゼンテーションで視覚的な要素の追加が可能になる。

■■■ **MEMO**

1ファイル内で複数のシートを作成できる

1つのファイル内に複数のシート（タブ）を保存することができる。シートを追加するには，下部の「+」ボタンをクリックする。各シートは独立してデータを保持し，必要に応じてデータを整理することができる。

（4）データの並べ替えやフィルタリングを行う

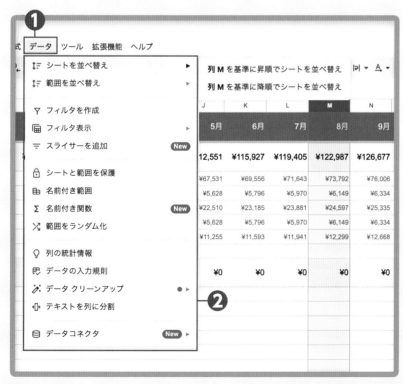

並び替え（ソート）とフィルタリング

表計算シートでよく行われる操作の1つであり，Googleスプレッドシートにももちろんこの機能は備わっている。

データの自動整列やフィルタリングを行いたい場合は，メニューバーの「データ」（❶）から適切なオプションを選択する（❷）。特に，「シートを並べ替え（昇順・降順）」や「フィルタを作成」，「列の統計情報」などは使用頻度が高いだろう。これらの機能で，データの整理や，特定の条件に基づくデータの表示や抽出を簡単に行うことができる。

（5）ExcelやPDF，csvなどでダウンロードできる

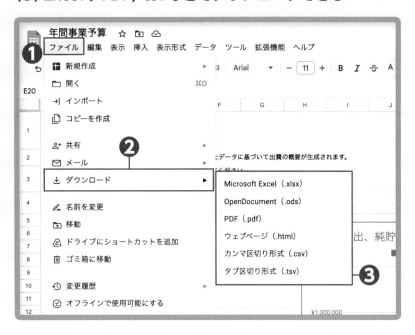

類似ツールとの使い分け

Microsoft OneDrive

OneDrive（https://www.microsoft.com/microsoft-365/onedrive/）は，Microsoft社が提供するオンラインストレージサービスだ。Microsoft Office製品との連携が強く，WordやExcel，PowerPointなどのファイルを作成・編集・共有することができる。Microsoft Office製品をよく使用する場合や，大学などでMicrosoft社製の教育機関向けクラウドサービスを契約している場合は，OneDriveの利用が便利だろう。OneDrive上で作成されたファイルは，当然のことながらOfficeアプリケーションとの統合性が高い。（特に一般的な事務書類などで）ほかのソフトウェアで作成するとありがちな表記やレイアウトのズレなどに見舞われるケースが少なく，スムーズな編集や共有が可能だ。

Excelとの互換性は高い

GoogleスプレッドシートにはExcelで作成されたスプレッドシートファイルとの互換性もある（一部の関数やマクロ機能は非対応）。ExcelファイルをGoogleスプレッドシートに読みこむ（インポート）ことや，GoogleスプレッドシートをExcel形式でダウンロードすることができる（❶→❷→❸）。

Googleスプレッドシートで作成したデータを汎用なテキストエディタなどで読みこんでさらなる解析を行う場合には，カンマ区切り形式（.csv）やタブ区切り形式（.tsv）でダウンロードするとよい。

共同編集

先述のGoogleドキュメントと同様に，Googleスプレッドシートも共同編集機能をもちろん備えている。共有設定の方法，変更履歴の参照，コメント機能などはGoogleドキュメントと同じ操作で行うことができる。これにより，複数の人が同時にデータを追加，編集し，リアルタイムでその変更が反映されるため，効率的な共同作業が可能だ。

TOGO●TV

「Googleドライブを用いてオンラインで書類を作製・編集・共有する」
https://doi.org/10.7875/togotv.2018.116

「Googleフォームを使ってアンケートや募集フォームを作成する」
https://doi.org/10.7875/togotv.2019.094

Googleスライドで効率的に発表資料を作成する

▶ ▶ ▶ ▶ **沖 嘉尚** 日本大学 生物資源科学部 動物細胞・免疫分野

研究室に配属されると，研究の進捗報告や文献の紹介，卒業論文発表，学会発表などでスライドを使ったプレゼンテーションを行う機会が日常的にやってくる。スライドを作成するツールと言えば，MicrosoftのPowerPointやAppleのKeynoteが有名だが，Googleが提供するGoogleスライドにはそれらにはない便利な機能が備わっている。

Googleスライドはウェブベースのツールであり，Googleアカウントがあれば無料で利用できることから，WindowsかMacかを問わず，気軽に使えるツールとして広く普及している。スマートフォンやタブレット端末用アプリも用意されていて，インターネットに接続できる環境さえあれば，どこからでもスライドを作成・編集・共有することが可能だ。ファイルはGoogleドライブに自動保存されるため，消えてしまう心配がないのも心強い。

この記事では，Googleスライドを使用して，スライドの作成，編集，発表，共有，共同編集，ダウンロードを行う方法について解説する。

Googleスライドの発表資料作成機能でできること

- ウェブブラウザ上で作業ができるため，WindowsやMacなど，OSを問わず利用できる。
- スマートフォンやタブレット端末でも，Googleアプリを使えばスライドの作成・編集ができる。
- 複数人が同じファイルに同時にアクセスし，別の場所から共同で作業できる。
- Google画像検索を活用することで，著作権フリーの画像を検索・挿入できる。
- Googleドライブ上に自動保存されるため，保存の手間やファイル消失の心配がない。
- スライドはPowerPointやPDF，画像ファイルとしてダウンロードできる。

▶「プレゼンテーション」を作成する

（1）新しいプレゼンテーションを作成する

Googleドライブから作成する場合
Googleドライブを開き（❶），左上の「新規」（❷）をクリックし，「Googleスライド」（❸），「空白のプレゼンテーション」（❹）と選択すると，次ページに示すように新しいプレゼンテーション（❽）が作成される。

Googleスライドのホームページ

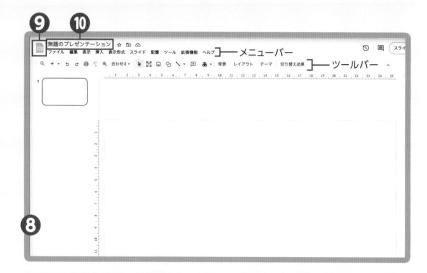

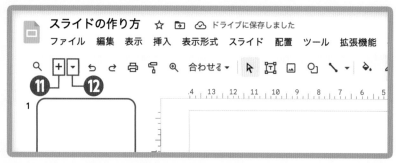

Googleスライドのホーム画面から作成する場合

すでにGoogleスライドのホーム画面を開いている場合は（**❺**），「新しいプレゼンテーションを作成」の「空白」（**❻**）をクリックすることでも作成できる。

（または，https://slides.google.com/createにアクセスして，直接作成することも可能）

テンプレートを利用して作成する場合

「空白」ではなく，豊富に用意されているテンプレートデザインを利用する場合は，「テンプレートギャラリー」（**❼**）をクリックして，その中から選択する。

プレゼンテーションを開いたページ（**❽**）からGoogleスライドのホームページを開くには，**❾**をクリックする。

ファイル名を付ける

デフォルトでは，ファイル名が「無題のプレゼンテーション」となっている（**❿**）。このままでもスライド作成は可能だが，研究課題や使用目的など，わかりやすいファイル名にしておくとよい。ファイル名を変更するためには，**❿**をクリックし，新しいファイル名を入力する。

スライドを追加する

2枚目以降のスライドを追加する場合，ツールバーの「＋」（**⓫**）をクリック（あるいはメニューバーの「スライド」から「＋新しいスライド」をクリック）すると，「タイトルと本文」のスライドが追加される。違う種類のスライドを挿入したい場合は，「＋」の横にある「▼」（**⓬**）をクリックすると選択できる。

スライドの種類をあとから変更する

スライドを選択してツールバーの「レイアウト」をクリックすれば，スライドの種類を変更できる。

おっと気をつけよう！

Googleアカウントをまだ持っていない！

Googleスライドを使用するにはGoogleアカウントが必要。取得法は第1章の2ページ参照。

研究室で使っているテンプレートを確認しておこう！

自分の研究室に発表用スライドのテンプレートがないか確認しておくとよい。もし用意されていれば，そのテンプレートを使って作成しよう。

GoogleスライドとPowerPointには互換性があり，GoogleドライブにPowerPointファイルを保存すれば，Googleドライブの画面からファイルを開くだけで，そのまま作業を始められる。

（2）スライドのデザインなどを決める

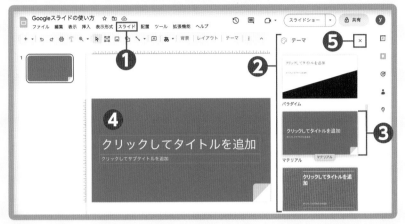

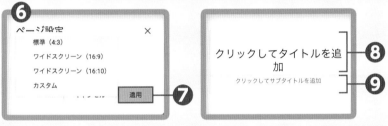

スライドのデザインを設定する

メニューバーの「スライド」（❶）→「テーマを編集」をクリックすると，テーマ（デザイン）一覧が表示される（❷，「新しいプレゼンテーション」では最初から表示されている）。一覧から任意のテーマをクリックすると（❸），スライドのデザインが変化する（❹）。テーマが決まったら，右上にある「×」（❺）をクリックし，テーマの一覧を閉じておく。

スライドの縦横比を設定する

縦横比は，ワイドスクリーン（16：9）がデフォルトで設定されている。変更する場合は，メニューバーから「ファイル」→「ページ設定」を選択し，「▼」をクリックすると，「標準（4：3）」，「ワイドスクリーン（16：9）」，「ワイドスクリーン（16：10）」から選択できる（❻）。カスタムで任意の縦横比も設定可能。サイズが決まったら「適用」（❼）をクリック。

タイトルを入力する

スライドにプレゼンテーションのタイトルを入力する。スライドの「クリックしてタイトルを追加」の枠内（❽）をクリックし，研究発表用であれば研究課題などを入力する。「クリックしてサブタイトルを追加」（❾）には，発表者の所属や名前などを入力する。サブタイトルが不要の場合は，何も入力しなくてよい。
タイトル文字のフォント（書体）やサイズの変更方法は，次ページの説明を参考に。

おっと 気をつけよう！

テーマ設定ははじめのうちに

テーマはいつでも変更できるが，作成途中に変更するとレイアウトが崩れる場合があるため，はじめのうちに設定しておくとよい。

スライドサイズ設定もはじめのうちに

スライドの縦横比もいつでも変更できるが，作りこんだスライドほど，縦横比変更によってレイアウト崩れの被害を受けるため，最初にきちんと設定しておくとよい。発表する会場が決まっていれば，スクリーンサイズを確認しておくこと。もしわからない場合は，16:9と4:3の中間くらいのA4（210×297 mm）を使うという選択肢もある。

（3）文字を書く

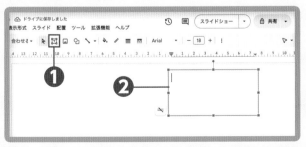

不要になったテキストボックスは，テキストボックスの枠をクリックして削除できる。

テキストは「テキストボックス」内に書く

テキストボックスは，ツールバーの「テキストボックス」（❶）をクリック（あるいは，メニューバーの「挿入」→「テキストボックス」をクリック）し，スライド上で位置やサイズを調整しながらドラッグすることで挿入できる（❷）。

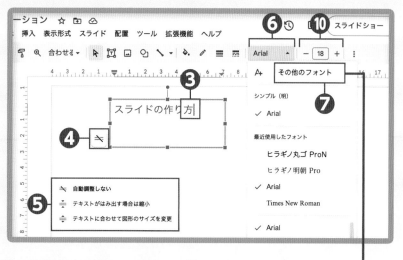

テキストボックスの自動調整

テキストボックスにはサイズの自動調整機能が付いている。デフォルトは「自動調整しない」となっている（通常はこれが便利）。調整機能を利用したい場合は，テキストボックス内をクリックしたうえで（❸），横に表示されるアイコン（❹）をクリックすると，自動調整機能を選択できるようになる（❺）。

フォント（書体）の変更

フォントを変更したいテキストボックスの枠をクリックすると，フォントが設定できるようになる（❻）。使用できるフォントをさらに追加する場合，ツールバーのフォント設定から「その他のフォント」をクリックし（❼），「文字：すべての文字」→「日本語」を選択すると一覧が表示される（❽）。利用するフォントにチェックを付けて「OK」（❾）をクリックすると，フォントリストから選択できるようになる。

フォントサイズの変更

フォントサイズを変更する場合は，テキストボックスの枠をクリックしたうえで，ツールバーのフォントサイズ設定（❿）から選択するか，任意の数字を入力する。左右にある「−」と「＋」でフォントサイズを変更することもできる。

おっと 気をつけよう！

PDF・印刷出力では見た目が崩れることも

フォントによっては，印刷をしたときにレイアウトが崩れる場合がある（スライドの全画面表示では問題ない）。「M PLUS」や「ZEN」，「BIZ UD」系列のフォントなどは，環境に依存しないので，印刷時の崩れは心配ない。「M PLUS 1」，「ZEN Kaku Gothic New」，「BIZ UDPGothic」あたりがおすすめだ。

BIZ UDPGothicは，誰もが読みやすいユニバーサルフォント（UDフォント）である。

（4）画像を挿入したり図形を描いたりする

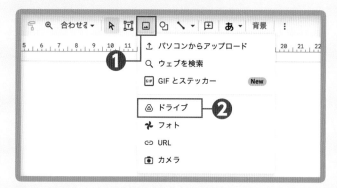

画像を挿入する

ツールバーの「画像の挿入」（❶）をクリック（あるいは，メニューバーの「挿入」→「画像」をクリック）し，画像をどこから取得するかを選択する。たとえば，「ドライブ」を選択すると（❷），右側にGoogleドライブの画像が表示される（次ページの❸）。

「マイドライブ」（❹）から必要な画像をクリックして選択し，「挿入」（❺）をクリックする。

画像の取得先の「フォト」は，Googleフォトライブラリに保存してある画像，「カメラ」は，パソコン内蔵のカメラで撮影した画像である。

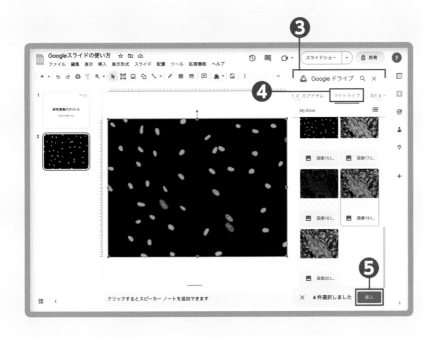

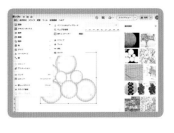

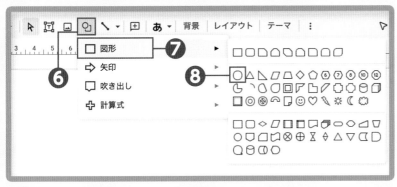

図形を描く

図形を作成する場合は, ツールバーの「図形」
をクリック(**6**)(あるいは, メニューバーの「挿入」
→「図形」をクリック)し, 「図形」を選択し(**7**),
適する図を選ぶ(**8**)と挿入される(**9**)。

サイズや位置を調整するときの
赤線・青線

図や画像の位置やサイズ変更中に, スライド上
での位置やほかのオブジェクトとの位置関係な
どが赤線や青線で表示される。それらを参考
にすると, 位置の調整が簡単にできる。

図形の色の変更

図形やその枠線の色を変更する場合は, 図形
をクリックして選択し(**10**), ツールバーの「塗り
つぶしの色」(**11**), あるいは「枠線の色」(**12**)を
クリックすると, それぞれの色を設定できる。
使用したい色がない場合は, 「カスタム」から色
を作成することもできる。

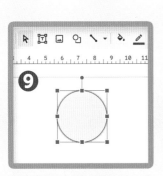

図形や画像の四隅の■をドラッグ
すると, 図や画像の位置やサイズ
を変更できる。

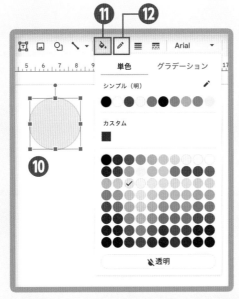

（5）図形などの重なる順序を変更する

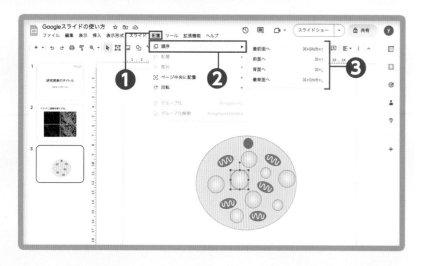

重なりの順序を変更する

画像や図形が重なると，新しく作成したものが上に配置される。重なり方の順序を変更する場合は，メニューバーの「配置」（❶）→「順序」（❷）をクリックし，「最前面へ」，「前面へ」，「背面へ」，「最背面へ」から選択する（❸）。画像や図形を右クリックし，「順序」から選択することもできる。

（6）表を作成する

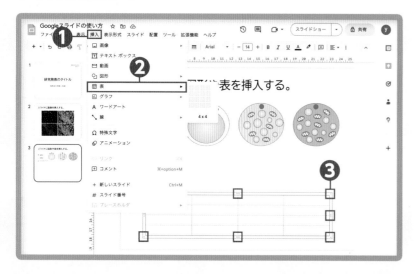

表を挿入する

表を作成する場合は，メニューバーの「挿入」（❶）→「表」（❷）をクリックし，表示されるパネル上で行数と列数を指定する。
表の枠線をドラッグするとスライド上の位置を調整できる。また，表の上下左右の「...」あるいは四隅「.」（❸など）をドラッグするとサイズ調整ができる。

表内に文字を入力する

セルをクリックすると，文字を入力できる。列の幅や行の高さを調整する場合は，セルを区切っている縦横の線をドラッグすると，動かすことができる。行や列を追加・削除する場合は，セルをクリックして選択し，メニューバーの「表示形式」（❹）→「表」（❺）から「行を上に挿入」や「列を削除」などが選択できる（❻）。また，セルを右クリックしても，同様の操作が可能である。
セルの背景色を変更する場合は，セルをクリックして選択し（❼），図形と同じ方法で設定することができる。

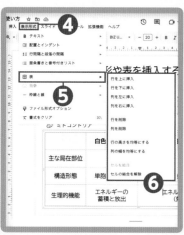

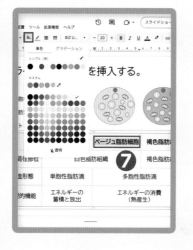

（7）アニメーション効果を追加する

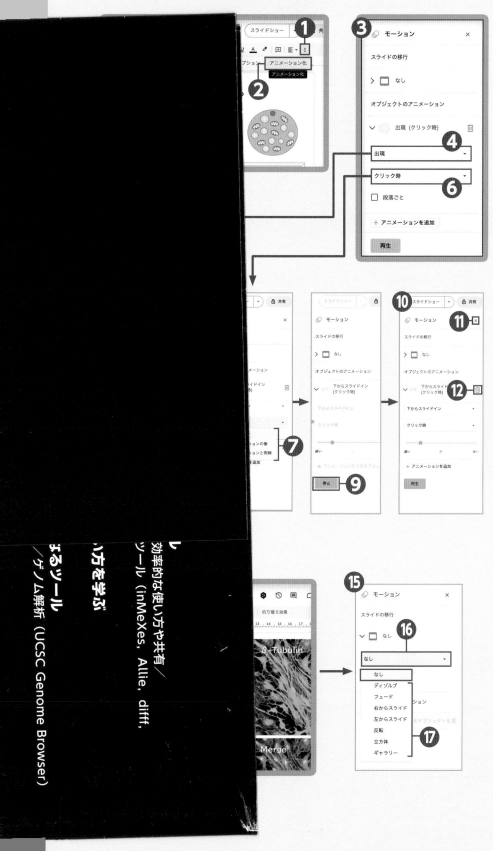

アニメーションを追加する

スライドで使用する画像，図形，テキストボックスなどに「アニメーション」を設定すると，それらにさまざまな動作を追加できる。アニメーションを追加する画像や図形をクリックして選択し，ツールバーの「：」（❶）をクリックして「アニメーション化」（❷）を選択すると，右側にアニメーションの動作を設定する画面が表示される（❸）。（メニューバーの「挿入」→「アニメーション」の選択でも可能）

アニメーションの動作を設定する

「出現」（❹）をクリックすると，たとえば「下からスライドイン」（❺）のようにアニメーションの出方が選択できる。「クリック時」（❻）からは，開始条件を選択できる（❼）。「再生」（❽）をクリックすると，アニメーションが再生され，アニメーションが終了すると，「停止」ボタン（❾）が表示される。

「停止」（❾）をクリックすると，再びアニメーションを設定できる画面に戻る（❿）。必要に応じて，ほかのアニメーションの種類や開始条件に変更し，動きを確認しておくとよい。アニメーションの設定が完了したら，右上の「×」をクリック（⓫）。アニメーションを削除する場合は，設定したアニメーションの項目を選択し，「ゴミ箱」のボタンをクリックする（⓬）。

スライドが切り替わる際の効果を設定する

プレゼンテーションでスライドが切り替わる際のアニメーション効果を設定する場合，スライドを選択したうえでメニューバーのスライドをクリックし（⓭），「切り替え効果」を選択（⓮）すると，右側に切り替え効果を設定する画面が表示される（⓯）。デフォルトは「なし」に設定されている。「スライド移行」の「なし」が表示されている項目（⓰）をクリックし，切り替え効果を選択する（⓱）。

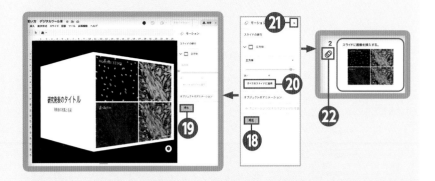

「再生」(⑱) をクリックすると，切り替え効果が再生される。「停止」(⑲) をクリックすると，再び切り替え効果を設定できる画面に戻る。すべてのスライドに同じ切り替え効果を設定する場合には，「すべてのスライドに適用」をクリック (⑳)。設定が完了したら，右上の「×」(㉑) をクリックする。切り替え効果を設定したスライドには，モーションのマークが表示される (㉒，このマークはアニメーションを設定したオブジェクトがある場合も表示される)。

発表を行う

（1）発表するときの操作

スピーカーノートに入力できるのは文字のみで図や表は不可

おっと 気をつけよう！

ツールバーにあるはずのアイコンが見つからない！

ウェブブラウザの画面横幅が狭い場合，ツールバーのアイコンがすべて表示されない。ツールバーの右端にある「⋮」をクリックすると，隠れているアイコンが2段目として表示される。

スライドショーで発表する

Googleスライドには， PowerPointなどと同じように，作ったスライドを使ってプレゼンテーションを行う機能が用意されている。1枚目のタイトルスライドを開き (❶)，右上の「スライドショー」(❷) をクリックすると，タイトルスライドが画面全体表示される (❸)。次のスライドに切り替える場合はマウスをクリックするか，→キーやEnterキーを押す。前のスライドに戻る場合は←キーやBackSpaceキーを押す。Escキーを押すと，プレゼンテーションを終了して，編集画面に切り替わる。

ノートを使って準備しよう

「スピーカーノート」は，プレゼンテーションの台本として使用できる。聴衆が見る画面には表示されず，「プレゼンター表示」という発表者専用の画面にのみ表示される。スライドごとの説明文や補足情報などを入力しておくとよい。スピーカーノートを設定したいスライドの下部の「クリックするとスピーカーノートを追加できます」と表示された入力欄(❹)をクリックすると，文字が入力できる (❺)。
（スピーカーノートの欄が表示されないときは，ツールバーの「表示」→「スピーカーノートを表示」をクリック）。

メディカル・サイエンス・インターナショナル

スピーカーノートは音声入力もできる

スピーカーノートは音声入力することも可能である。メニューバーの「ツール」(**5**) の「スピーカーノートを音声入力」(**6**) を選択すると，マイクのウインドウが表示される (**7**)。マイクをクリックすると，マイクの灰色/赤色が切り替わり，赤色のときだけ音声入力できる。

発表時にスピーカーノートを表示させる

スピーカーノートを表示する場合は，右上の「スライドショー」(前ページの**2**) の横にある「▼」をクリックし，「プレゼンター表示」を選択する。スクリーンや大型ディスプレイに接続している場合でも，スピーカーノートは発表者 (プレゼンター) 用の画面にだけ表示される。プレゼンター表示の画面には (**8**)，左側に現在のスライド(**9**)とその前後のスライド(**10**)が表示され，その右側に現在のスライドのスピーカーノート(**11**) が表示される。

現在表示中のスライド上でマウスを画面左下に置くと「⋮」(**12**) が表示され，クリックすると，プレゼンテーション中に使用できるメニューが表示される (**13**)。「レーザーポインター」をオンにする」を選択すると，赤いレーザーポインターが画面に表示される。

▶ 共同作業などを行う

（1）共同で作業する

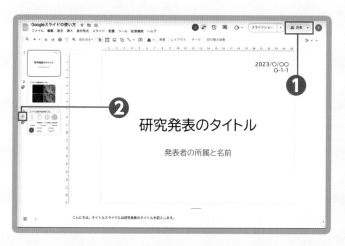

他のユーザーを共有設定する

Googleスライドは，ほかのユーザーとファイルを共有しながらスライドを作成・編集することができる。なお，ファイルを共有する操作は**1**をクリックして行うが，方法は第3章の28ページを参照されたい。

ファイルを共有すると，左側のスライド一覧にほかのメンバーのアイコンが表示され (**2**)，どのメンバーがどのスライドを編集しているかがわかる。さらに，編集中の場所にメンバーの名前も表示される。

スライドにコメントを入れる

スライドごとにコメントを追加し,ほかのメンバーとのコラボレーションをスムーズに行うことができる。コメントは,選択したスライドでメニューバーの「コメント履歴を開く」をクリックし(❸),「コメントの追加」をクリックする。「@を使用してコメントまたはユーザーを追加」と表示されたコメント欄(❹)をクリックすると,文字が入力できる。(スライドの右クリックでも,コメントを追加できる)

チャットや通話しながらの作業も可能

共有されているときに右上の「チャットを表示」(❺)をクリックすると,チャットウインドウが表示されてチャットしながら作業できる(❻)。さらに,「ここから通話に参加するか,このタブの画面を通話で共有できます」(❼)をクリックし,「+新しいミーティングを開始」をクリックすると,Google Meetが表示される(❽)。招待したユーザーとは,会話しながらの共同作業ができる。

Tips @でコメントを通知

コメント内容に「@メールアドレス」を付記すると,そのユーザーに通知され,別途連絡の手間を省くこともできる。

ファイル共有されていないと通話はできない

Google Meetに招待されても,ファイルを共有していないユーザーはファイルにアクセスすることができない。ファイルの共有を忘れないように,注意が必要である。

変更履歴を確認する方法

変更履歴から過去のバージョンを復元することができる。メニューバーの「ファイル」→「変更履歴」→「変更履歴を表示」をクリックすると,変更履歴の画面が表示される(❶)。右側の変更履歴から選択すると(❷),左側に過去のバージョンが表示され,変更した箇所が緑の枠線で示される(❸)。最新のバージョンも残しておきたい場合は,「コピーを作成」(❹)を選択してから過去のバージョンを別ファイルとして復元することができる。

ダウンロードして保存もできる

作成したスライドはさまざまな形式でエクスポートできる。メニューバーの「ファイル」→「ダウンロード」からファイル形式を選択する。PowerPoint形式(.pptx)やPDFドキュメント(.pdf),JPEG画像(.jpg)など,使用目的に応じて使い分けるとよい。

(2)変更履歴を確認する

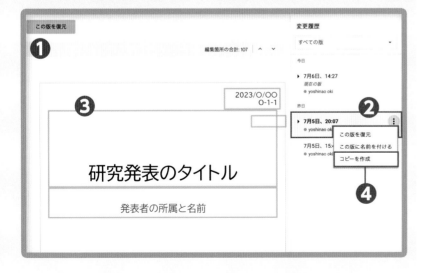

こんな場面で便利！

Googleスライドは，生命科学の研究や実験におけるさまざまな場面で便利に活用することができる。

共同編集者と一緒に作業できる

Googleスライドは研究発表や成果報告のスライドを，共同編集者と一緒に作成・修正するのに便利だ。コメント機能を使って意見交換するだけでなく，Google Meetを使って議論することもできる。ウェブブラウザ上で作業ができるため，共同編集者のOS環境に配慮する必要もない。

過去のスライドやポスターを共有できる

学会発表や成果報告に使用されたスライドやポスターを，研究室内で共有・管理するのにも活用できる。新しく研究室に所属したメンバーは過去の研究内容を引き継ぎ，さらに発展させたテーマで研究を行うことがある。過去のメンバーが作成したスライドやポスターを共有し，研究室のメンバーが自由に閲覧できるようにすることで，どのような研究が行われてきたか，どのような成果物が作られてきたか，どのように研究が変化してきたかなどを知ることができる。また，それらのファイルを再利用して，新しいスライドやポスターを作成することも可能だ。

マニュアルを共有できる

研究室での実験方法や装置・機器の操作方法といったマニュアルの共有にもGoogleスライドを活用できる。生命科学分野の研究室では，実験で使用する試薬が変わったり，装置や機器を制御するソフトウェアがアップデートされて仕様が変わったりすることがよくある。Googleスライドで研究室メンバー全員が共同編集者となってアップデートすることで，常に最新版のマニュアルを共有することができる。また，そのマニュアルがいつ更新されたか履歴を確認することも可能だ。

モバイルデバイスで場所や時間にとらわれずに作業できる

Googleスライドは，スマートフォンやタブレットなどからも専用のアプリでアクセスできる。そのため，どこの研究室や実験室で作業していても，手軽に共有ファイルにアクセスして，マニュアルやプロトコルを閲覧することができる。また，通勤・通学中や何かの待ち時間に不意に思いついたアイデアを作成中のファイルに反映させることもできる。モバイルデバイスでの利用により，場所や時間に制約されずに作業を行うことが可能だ。

類似ツールとの使い分け

PowerPoint

PowerPointはMicrosoftが提供する有料のソフトで，Windows版とMac版がリリースされている。豊富な機能を駆使して思い通りのスライドが作成可能だが，初心者はどこから手を付けたらよいかわからないほどの多機能さである（周囲にPowerPointユーザーは多いので，困ったときには誰かに聞けば解決する場合がほとんどだろうが）。
PowerPoint同士であればファイルのやり取りでレイアウトが崩れてしまう心配がなく，ユーザーが多いのでこのことはメリットになる。また，2020年からはスマートフォン版アプリも用意されており，外出先でも資料の作成・修正が可能となっている。
Googleスライドは機能がシンプルになったPowerPointのようなウェブツールであり，PowerPointとの互換性がある。初心者は手始めに，動作が似ているGoogleスライドを利用して，スライドの作成方法を覚えていくのがよいだろう。また初心者でなくても，PowerPointファイルの管理や共有にGoogleスライドを利用すると非常に便利だ。

Keynote

KeynoteはAppleが提供する無料のソフトで，Macユーザーの多くが使用している。機能がシンプルなため直感的に操作でき，初心者でもあまり時間をかけずにスライドを作成することが可能だ。また，エフェクト機能やテンプレートなどのデザインが洗練されているため，誰でも美しいスライドを作成できるという特徴がある。特にアニメーション機能の種類が豊富に用意されているため，プレゼンテーションを効果的に演出できる。
一方で，Keynoteはもともときれいなスライドをディスプレイ上で見せるといったプレゼンテーション向きのソフトであるため，印刷があまり得意ではない。Keynoteで作成した資料を印刷する場合は，PDF変換したファイルを印刷するとよい。
Googleスライドは，Keynoteユーザーにもおすすめだ。PowerPointユーザーとファイルをやり取りする場合，Keynoteで作成したスライドはPowerPointでそのまま開くことはできない。KeynoteからPowerPointファイルに変換することは可能だが，KeynoteとPowerPointとは互換性が悪く，レイアウトの崩れが非常に多い。Keynoteユーザーは，PowerPointソフトがない場合には，Googleスライドを活用することでPowerPointに変換したスライドのレイアウト崩れを確認・修正することができる。KeynoteとGoogleスライドの両方をうまく使い分けるとよいだろう。

PubMedで最新の論文情報を取得する

▶ ▶ ▶ ▶ 山本泰智　大学共同利用機関法人 情報・システム研究機構 データサイエンス共同利用基盤施設 ライフサイエンス統合データベースセンター（DBCLS）

　生命科学分野に限らず，研究を進めていくうえで欠かせない作業の1つが，自身の研究に関連する分野の論文情報を取得することであることは自明だろう。これまでに得られている研究成果や，最新の研究動向を知るうえで，適切な論文を効率よく見つける術を身につけることは，研究成果を論文として発表することが生業の研究者にとって非常に大切である。

　生命科学分野においては，PubMedが最も広く使われている論文検索サービスであることから，本章ではこのサービスの使い方を中心に紹介する。PubMedは米国NCBI（National Center for Biotechnology Information）により提供されている論文検索サービスで，インターネット上で無料で公開されている。収載対象はおもに1945年以降に発表された生物医学系の学術論文だが，執筆時点で約3,600万件あり，日々新たに追加されている。そのため，特定領域の論文を網羅的に検索する方法と，新規発表論文を定期的に確認する方法などを紹介する。

PubMedでできること

- 興味のある論文情報を，任意の検索語（キーワード）を入力して取得できる。
- 特定の著者名を入力して論文情報を取得できる。
- 特定の論文に関連するほかの論文を見つけられる。
- PubMedで多く検索されている論文情報を知ることができる。
- あらかじめアカウントを準備することで，特定の検索語を含む論文が発表されたときにメールなどで通知を得られる。
- 要旨だけでなく，論文の全文をPubMed Central（PMC）を経由して取得できる。
- 生物医学系の概念を網羅的に収載した統制語彙のMeSHタームを用いて論文情報を取得できる。

PubMedで論文を検索してみよう

（1）PubMedにアクセスする

https://pubmed.gov/

PubMedにアクセスしてトップページを開く

PubMedの各ページは，アクセス元がパソコンかスマートフォンかを検知して，それぞれに最適なデザインで表示されるようになっている。この章ではおもに，パソコンからアクセスした場合のデザインで紹介する。

（2）検索語を入れて検索

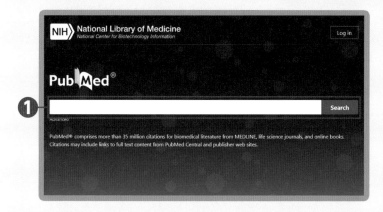

検索ボックスに検索語を入れる

例として，新型コロナウイルス感染症（COVID-19）を引き起こすウイルス「SARS-CoV-2」で検索してみよう。PubMedには検索語の入力支援機能が備わっているので，「sa」と最初の2文字を入力しただけで，入力ボックス（❶）の下部に「sars cov-2」が候補として表示される。そのため，あとは単にその項目を選択するだけで検索が始まる。なお，候補の表示順は，PubMed全利用者の問い合わせ内容を統計的に解析した結果に基づいている（大文字小文字の違いは区別されない）。

（3）検索結果を見てさらに絞りこむ

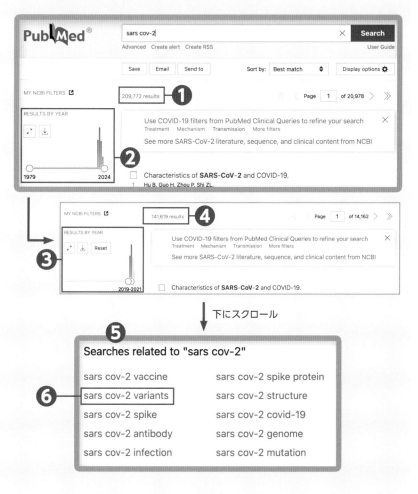

出版年で絞りこむ

検索結果を見ると，検索時点で204,620件の論文情報が得られたことがわかる（❶）。非常に多い。左に目を移すと，年ごとの出版件数がグラフ表示されている（❷）。このグラフは対話的になっており，グラフの横軸両端に表示されている丸印をドラッグすることで，検索対象論文の出版年を指定できる。たとえば，左側の丸印を2019年，右側のそれを2021年にすると（❸），2019年から2021年の間に出版された論文だけが表示されるようになる。この時点で，14,162件まで減らせた（❹）。

絞りこむための検索語が提案されている

さらに，検索結果が表示されているページの下部まで移動してみると，「Searches related to "sars cov-2"」と書かれた場所があり（❺），結果をより絞りこむための検索語が提案されている。これらの検索語のなかに求める表現があれば，それをクリックしてみよう。

たとえば，このウイルスのバリアント（変異株）に関する論文を探しているのであれば，「sars cov-2 variants」（❻）をクリックする。するとすぐさま検索が始まり，その結果が得られる。2019年から2021年までの条件を設定したままの場合では，結果が1,883件と大幅に絞りこまれた。

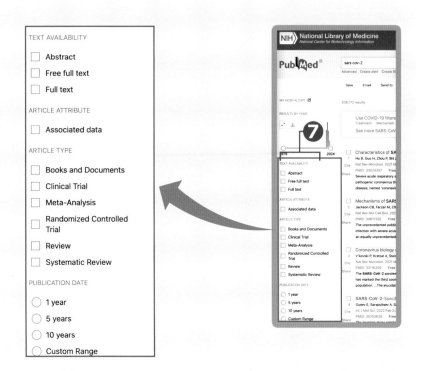

「要旨」などでも絞りこめる

検索結果が表示されているページの左側には，さまざまな条件で簡単に結果を絞りこめるボタンが並んでいる（**❼**）。要旨があるものだけに絞りたければ，「TEXT AVAILABILITY」の「Abstract」にチェックを入れる。

検索結果を保存できる

検索ボックスの下に「Save」，「Email」，「Send to」というボタンが並んでいる（**❽**）。検索結果をテキスト形式や表形式などで自身のパソコンに保存したり，電子メールで送信したり，クリップボードに貼り付けたりと，さまざまな手段が選べる。NCBIサービス用にアカウントを作っておくと，できることが増える（51ページ参照）。

表示方法を変更できる

「Display options」（**❾**）をクリックすると，検索結果の表示方法を変更できる。**表示形式**は初期設定の「Summary」から，各論文の要約をすべて表示させる「Abstract」，伝統的なPubMed形式で表示させる「PubMed」，PubMed IDのリストだけを表示させる「PMID」が選べる。

表示順序は初期設定の「Best match」から，PubMedに収載された日時順にする「Most recent」，各論文の出版日に基づく「Publication date」，筆頭著者の名前順にする「First author」，収載雑誌名の順で表示させる「Journal」が選べる。これらは降順，昇順いずれも選択可能である。初期設定の「Best match」は，入力された検索語から推測される最も関連度の高い論文情報から順に表示する手法である。

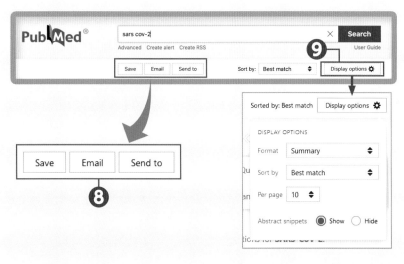

おっと気をつけよう！

大文字か小文字かは考慮されない
PubMedの検索に用いる文字の大文字・小文字の違いは考慮されない。

複合語の検索には" "を使う
複合語を，そのままの表現として検索語にしたい場合は，"SARS CoV-2 vaccine"のように二重引用符で囲む。

■ MEMO

検索でスペルがうろ覚えのときは

生命科学で使われる英語表現はスペルを覚えにくいものも多い。PubMedはスペルミスが多少あっても，適切と思われる表現を提案して検索する。Googleなどの検索サービスと同様，適切と思われる表現で検索した結果と，利用者が入力した表現のまま検索した結果のそれぞれの件数が表示される。たとえば，「phosphorylation」を，誤って「phosphoryration」と入力して（❶）検索した場合の結果は❷となる。

❷ Showing results for *phosphorylation*
Search for *phosphoryration* instead (3 results)

書誌情報がわかっている場合は

論文のタイトルや著者名などがわかっているときには，タイトルなどをそのまま入力して検索できる。PubMedはタイトルに含まれる単語すべてが含まれる論文を検索するのではなく，論文のタイトルであると認識し，タイトルがほぼ一致するものを表示する。

Tips 索引を確認する

ハイフンの有無，単数形か複数形かも検索結果に影響する。たとえば，「SARS CoV-2 vaccine」という表現がPubMedの索引に含まれていなければ，検索されない。索引を確認するには，検索窓直下の「Advanced」（❶）をクリックする。開いたページの「Add terms to the query box」の右下ボックス（❷）に，「sars cov-2 vaccine」と入力し，「Show Index」（❸）をクリックする。すると，トップに表示されるのは，「sars cov02」が1件という結果（❹）であり，「sars cov-2 vaccine」の表現はPubMedの索引に含まれていないことがわかる。そこで，ハイフンを削除した「sars cov2 vaccine」（❺）を入力して改めて「Show Index」をクリックすると，今度はトップにそのままの表現が表示される（❻）ので，索引に含まれていることが確認できる。

検索条件を設定する

検索結果に満足できない場合は，検索語の再考に加えて検索条件を設定することもできる。PubMedでは非常に多くの検索条件を設定できる。
結果が多すぎた場合には，46ページの❼の最下部にある「Additional filters」が利用できる。ココをクリックすると「ARTICLE TYPE」や「SPECIES」などのボタンが表示され，さらに細かい条件で結果を絞りこめる。

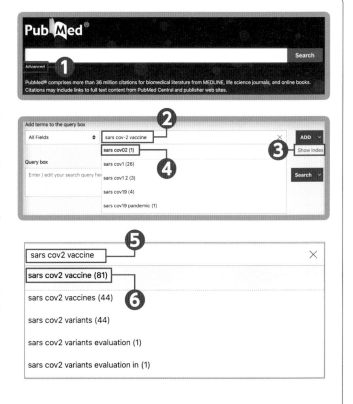

▶ 個別の論文情報ページを確認しよう

個々の論文に応じて検索結果が異なるので，ここで紹介する内容がすべての検索で当てはまるとは限らないことに注意すること。

（1）個々の論文について見てみよう

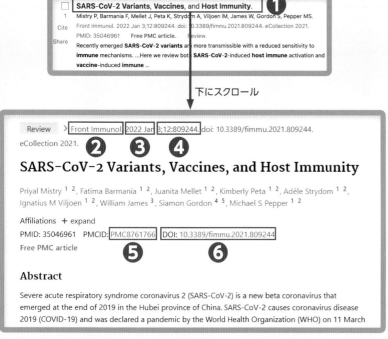

↓ 下にスクロール

書誌情報を知るには

論文情報のタイトル部分（❶）をクリックすると，当該論文のさまざまな関連情報が得られる。出版雑誌名（❷）や出版日（❸），号数やページ番号（❹）などの基本的な書誌情報のほかに，PMCID（❺）や，DOI（❻）の識別子が表示される。

全文へのアクセス

PMCID（❺）とDOI（❻）をそれぞれクリックすると，いずれも当該論文の全文にアクセスできる。PMCIDからはPubMed Central（PMC）という，（1）オープンアクセス論文と，（2）NIHから研究資金を得た研究成果を報告した論文の全文を収載しているリポジトリ（無料）に，DOIからは出版社のページにつながる。

↓ 下にスクロール

掲載図の一覧

↓ 下にスクロール

図の一覧で内容を把握できる

「Abstract」（要旨）の下には，当該論文中に現れる図がすべて掲載されている（❼）。図を見ることで，対象論文の内容を簡単に把握できる場合は多く，実際に全文にアクセスすることなしに確認できるこの機能は有益である。

関連論文 　　　→下にスクロール　　　⑧

Similar articles

Insights into COVID-19 Vaccine Development Based on Immunogenic Structural Proteins of SARS-CoV-2, Host Immune Responses, and Herd Immunity.
Chaudhary JK, Yadav R, Chaudhary PK, Maurya A, Kant N, Rugaie OA, Haokip HR, Yadav D, Roshan R, Prasad R, Chatrath A, Singh D, Jain N, Dhamija P.
Cells. 2021 Oct 29;10(11):2949. doi: 10.3390/cells10112949.
PMID: 34831172　　Free PMC article.　　Review.

High-Resolution Linear Epitope Mapping of the Receptor Binding Domain of SARS-CoV-2 Spike Protein in COVID-19 mRNA Vaccine Recipients.
Nitahara Y, Nakagama Y, Kaku N, Candray K, Michimuko Y, Tshibangu-Kabamba E, Kaneko A, Yamamoto H, Mizobata Y, Kakeya H, Yasugi M, Kido Y.
Microbiol Spectr. 2021 Dec 22;9(3):e0096521. doi: 10.1128/Spectrum.00965-21. Epub 2021 Nov 10.
PMID: 34756082　　Free PMC article.

Immune Evasive Effects of SARS-CoV-2 Variants to COVID-19 Emergency Used Vaccines.
Zhang Y, Banga Ndzouboukou JL, Gan M, Lin X, Fan X.
Front Immunol. 2021 Nov 22;12:771242. doi: 10.3389/fimmu.2021.771242. eCollection 2021.
PMID: 34880867　　Free PMC article.　　Review.

COVID-19 Pandemic and Vaccines Update on Challenges and Resolutions.
Khan WH, Hashmi Z, Goel A, Ahmad R, Gupta K, Khan N, Alam I, Ahmed F, Ansari MA.
Front Cell Infect Microbiol. 2021 Sep 10;11:690621. doi: 10.3389/fcimb.2021.690621. eCollection 2021.
PMID: 34568087　　Free PMC article.　　Review.

Host Protective Immunity against Severe Acute Respiratory Coronavirus 2 (SARS-CoV-2) and the COVID-19 Vaccine-Induced Immunity against SARS-CoV-2 and Its Variants.
Noor R.
Viruses. 2022 Nov 17;14(11):2541. doi: 10.3390/v14112541.
PMID: 36423150　　Free PMC article.　　Review.

See all similar articles ⑨

　　　→下にスクロール

この論文が引用されている文献 　　　⑩

Cited by

Novel receptor, mutation, vaccine, and establishment of coping mode for SARS-CoV-2: current status and future.
Zeng Z, Geng X, Wen X, Chen Y, Zhu Y, Dong Z, Hao L, Wang T, Yang J, Zhang R, Zheng K, Sun Z, Zhang Y.
Front Microbiol. 2023 Aug 14;14:1232453. doi: 10.3389/fmicb.2023.1232453. eCollection 2023.
PMID: 37645223　　Free PMC article.　　Review.

A Cross-Sectional Study of Fibromyalgia and Post-acute COVID-19 Syndrome (PACS): Could There Be a Relationship?
Akel A, Almanasyeh B, Abo Kobaa A, Aljabali A, Al-Abadleh A, Alkhalaileh A, Alwardat AR, Sarhan MY, Abu-Jeyyab M.
Cureus. 2023 Jul 29;15(7):e42663. doi: 10.7759/cureus.42663. eCollection 2023 Jul.
PMID: 37644924　　Free PMC article.

The Influence of the Omicron Variant on RNA Extraction and RT-qPCR Detection of SARS-CoV-2 in a Laboratory in Brazil.
Silva LM, Riani LR, Leite JB, de Assis Chagas JM, Fernandes LS, Fochat RC, Perches CGP, Nascimento TC, Jaeger LH, Silvério MS, Dos Santos Pereira-Júnior O, Pittella F.
Viruses. 2023 Aug 4;15(8):1690. doi: 10.3390/v15081690.
PMID: 37632032　　Free PMC article.

SARS-CoV-2 Vaccine Uptake among Patients with Chronic Liver Disease: A Cross-Sectional Analysis in Hebei Province, China.
Liu Y, Yuan W, Zhan H, Kang H, Li X, Chen Y, Li H, Sun X, Cheng L, Zheng H, Wang W, Guo X, Li Y, Dai E.
Vaccines (Basel). 2023 Jul 28;11(8):1293. doi: 10.3390/vaccines11081293.
PMID: 37631861　　Free PMC article.

Colostrum Features of Active and Recovered COVID-19 Patients Revealed Using Next-Generation Proteomics Technique, SWATH-MS.

　　　→下にスクロール

関連論文情報を得る

当該論文と内容が類似しているほかの論文のリストが表示される（⑧）。論文を検索していると，似た研究課題に取り組むほかの研究成果を知りたくなることは多いが，引用論文情報からたどるだけでは見つからないことも多く，この機能が重宝する場面は多い。

内容の類似度は，タイトルや要旨に含まれる単語と，MeSHターム（論文分類で使われる見出語，53ページ参照）をもとにあらかじめ計算されている。類似度の高い上位10件のみが表示されているが，10位の直下に表示されている「See all similar articles」（⑨）をクリックすることで，より下位の論文情報も確認できる。

引用論文情報を得る

続いて，引用論文情報が表示される（⑩）。こちらは当該論文を引用しているほかの論文のリストであり，各引用論文の出版日の新しい順に表示されている。類似論文と同様に，個々の論文情報のページでは最初の10件のみが表示されるので，より多くの情報が必要な場合は10番目の引用論文情報直下にある「See all "Cited by" articles」をクリックして確認する。

Tips　PubMedで人気の論文を調べてみよう

PubMedのトップページには，「Trending Articles」（❶）という項目があり，そこには，PubMedで多く参照されている論文のリストが表示されている。この内容は毎日変わるので，まさに今，どのような研究がPubMed利用者のなかで注目を集めているのかを垣間見れる。

この論文の引用文献

References

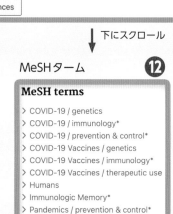

1. Zhu Z, Lian X, Su X, Wu W, Marraro GA, Zeng Y. From SARS and MERS to COVID-19: A Brief Summary and Comparison of Severe Acute Respiratory Infections Caused by Three Highly Pathogenic Human Coronaviruses. Respir Res (2020) 21(1):224. doi: 10.1186/s12931-020-01479-w - DOI - PMC - PubMed
2. Mackenzie JS, Smith DW. COVID-19: A Novel Zoonotic Disease Caused by a Coronavirus From China: What We Know and What We Don't. Microbiol Aust (2020) 41:Ma20013. doi: 10.1071/ma20013 - DOI - PMC - PubMed
3. WHO . Virtual Press Conference on COVID-19 (2020). Available at: https://www.who.int/docs/default-source/coronaviruse/transcripts/who-aud....
4. WHO . Novel Coronavirus 2019 (2021). Available at: https://www.who.int/emergencies/diseases/novel-coronavirus-2019.
5. Randolph HE, Barreiro LB. Herd Immunity: Understanding COVID-19. Immunity (2020) 52(5):737–41. doi: 10.1016/j.immuni.2020.04.012 - DOI - PMC - PubMed

Show all 237 references

↓ 下にスクロール

MeSHターム ⑫

MeSH terms

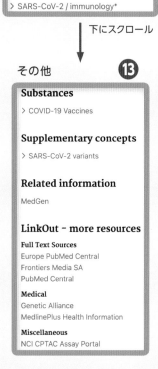

> COVID-19 / genetics
> COVID-19 / immunology*
> COVID-19 / prevention & control*
> COVID-19 Vaccines / genetics
> COVID-19 Vaccines / immunology*
> COVID-19 Vaccines / therapeutic use
> Humans
> Immunologic Memory*
> Pandemics / prevention & control*
> SARS-CoV-2 / genetics
> SARS-CoV-2 / immunology*

↓ 下にスクロール

その他 ⑬

Substances

> COVID-19 Vaccines

Supplementary concepts

> SARS-CoV-2 variants

Related information

MedGen

LinkOut – more resources

Full Text Sources
Europe PubMed Central
Frontiers Media SA
PubMed Central

Medical
Genetic Alliance
MedlinePlus Health Information

Miscellaneous
NCI CPTAC Assay Portal

引用している論文情報を得る

最後に当該論文が引用している論文のリストが表示される（⑪）。各論文の種類，レビューであるか否かなどの情報を確認できる。

MeSHタームのリストを確認する

その次に表示されるのが当該論文の内容を端的に表すMeSHタームのリストである（⑫）。これはPubMedを利用するうえで非常に大切であるため，53ページで詳しく説明する。当該論文に対しては，COVID-19やCOVID-19 Vaccines，SARS-CoV-2などが記載されている。スラッシュで区切られている場合は，右側のタームが，左側のタームに対する補足的な概念である。また，＊がついているタームは，当該論文において特に中心的な研究課題として取り組まれていることを示す。

その他の関連情報を参考にする

続いて表示される情報は⑬で，
● 当該論文で報告されている研究において扱われている，薬理作用を持つ物質を示す「Substances」，
● 論文に対して付加的な概念を示す「Supplementary concepts」，
● 当該論文で得られた成果についてほかのNCBI運用データベースに収載されている場合は，それに対するリンクのリストがある「Related information」，
● NCBI外のサイトにおける関連情報へのリンクのリストが表示される「LinkOut」
がある。

(2) 書誌情報をアプリで読みこめる形式で得る

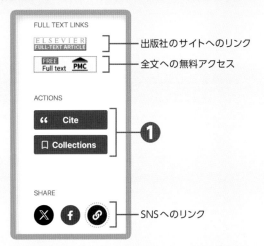

FULL TEXT LINKS

ELSEVIER FULL-TEXT ARTICLE ──── 出版社のサイトへのリンク

FREE Full text PMC ──── 全文への無料アクセス

ACTIONS

❝ Cite

☐ Collections ──── **❶**

SHARE

Ⓧ ⓕ 🔗 ──── SNSへのリンク

当該論文の書誌情報を機械可読な形式で得る

当該論文情報が表示されているページの冒頭,タイトルの右側あたりに「ACTIONS」があり,その下には「Cite」や「Collections」と書かれたボタンがある(**❶**)。これらは,自身で論文を執筆する際に,当該論文を参考文献として追加したいとき,利用している論文情報管理アプリに合わせた形式で書誌情報を取得するためにある。「Cite」は当該論文の書誌情報をその場限りで利用するために,「Collections」は後述のアカウントを持つユーザーが,書誌情報を保存するために使用する。

▶ 高度な利用法でさらに便利に使う

(1) アカウントを持っているとさらに便利

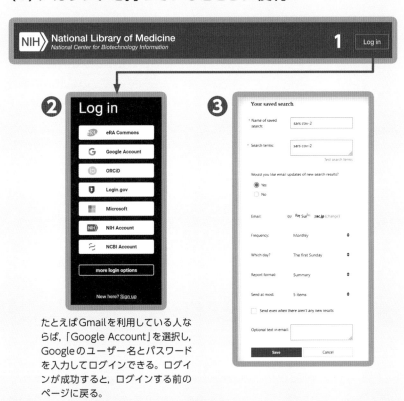

NIH National Library of Medicine
National Center for Biotechnology Information

1 Log in

❷ Log in

🄴🅁🄰 eRA Commons

G Google Account

ⒾⒹ ORCiD

🔰 Login.gov

▦ Microsoft

NIH NIH Account

🔄 NCBI Account

more login options

New here? Sign up

❸ Your saved search

* Name of saved search: sars cov-2

* Search terms: sars cov-2

Test search terms

Would you like email updates of new search results?

◉ Yes

◯ No

Email: qu Rer Sur¹e gac.jp (change)

Frequency: Monthly ⬍

Which day? The first Sunday ⬍

Report format: Summary ⬍

Send at most: 5 items ⬍

☐ Send even when there aren't any new results

Optional text in email:

Save   Cancel

たとえばGmailを利用している人ならば,「Google Account」を選択し,Googleのユーザー名とパスワードを入力してログインできる。ログインが成功すると,ログインする前のページに戻る。

アカウントの作り方

PubMedを継続的に利用するにはNCBIサービスのアカウントがあると便利だ。GoogleやMicrosoftなどのアカウントを持っていれば,それが利用可能である。

PubMedのトップページや検索結果のページの右上にある「Log in」(**❶**)をクリックすれば,認証サービス提供者の選択画面(**❷**)が開くので,適宜選択すればよい。

検索条件の保存や検索結果の定期的な受信ができる

ログインして「Creat alert」から設定を行うトップページ検索窓下の「Creat alert」(52ページ参照)をクリックすると,「Your saved search」(**❸**)が表示されるので,今回の検索条件に対する名前を付けたり,結果結果の送信先,送信頻度,送信内容の形式,最大送信検索結果などを指定できる。

一度設定しておけば,自動で定期的に検索が実行され,前回からの差分があれば報告してくれるので非常に有益だ。

（2）Advancedで検索条件を設定できる

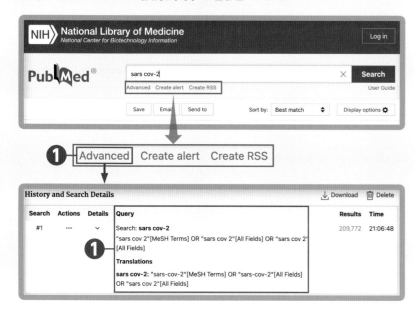

（3）RSSリーダーで新着情報の通知がもらえる

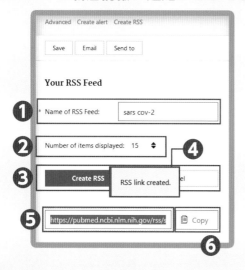

用語解説

RSSって何？

ブログなどの内容が更新されたときに読者に通知する技術。更新が行われたサイトがRSSを使って更新情報を配信する。読者が利用するRSSリーダーと呼ばれるアプリに更新情報を取得したいサイトのRSS情報をあらかじめ登録しておくと，アプリが定期的にRSS情報を確認し，更新されていればその内容を表示する。PubMedはこの技術を利用して検索結果をRSSで配信している。

Advanced

検索窓の直下には「Advanced」，「Create alert」，「Create RSS」というボタンがある（❶）。

Advancedをクリックすると，具体的にどのような処理で検索結果が得られたのかが詳細に示される（❷）。

Advancedは文字通りPubMed検索上級者向けの機能。PubMedの検索システムは，自動的にさまざまな関連情報を検索条件として付加し，より利用者が所望している情報が得られるように作られている〔具体的には，MeSHターム（53ページ参照）が自動的に挿入されるなどする〕。どのような検索操作が行われたのかわかれば，ユーザーはその情報をもとにして検索条件を変更し，新たな検索を試すことが可能になる。

RSSリーダーに検索条件を設定する

RSSリーダーと呼ばれるアプリを利用すると，指定した条件に合致する論文の新着情報を簡単に入手できるようになる。新着情報を取得するためのURLを生成し，このURLをRSSリーダーに与えることで，定期的にRSSリーダーがPubMedへアクセスして新着情報を取得してくれるというわけだ。

Create RSSで条件を設定してみよう。
RSSリーダーで表示される検索条件の名前を「sars cov-2」とし（❶），最大15件を配信するよう設定している（❷）。そして，「Create RSS」（❸）をクリックすると，「RSS link created.」と表示され（❹），直下に実際のURLが現われる（❺）。その右側に「Copy」（❻）とあるので，これをクリックすると当該URLがコピーされるので，自分が利用しているRSSリーダーにそのままペーストして与えることで準備完了である。

■ MEMO

PubMedの検索では「MeSHターム」が重要な役割を果たす

MeSHタームとは？

MeSHタームは，生物医学系の論文を，その内容に応じて，実際に論文中で使われている表現ではない検索語が与えられても見つけられるようにするために作られている見出し語である。MeSHはNLM（National Library of Medicine）が作成する辞書Medical Subject Headingの略である。

論文は自然言語で書かれていることから，同義語の問題が必ず生じる。また，検索するにあたり利用者が的確であると考える概念と，実際に記述されている表現との間に齟齬がある場合は，利用者が読みたい論文が実際にはあるにもかかわらず，見つけられない事態が起こり得る。MeSHタームは，代表的な概念とその同義語群からなり，代表的な概念同士はその意味的な粒度に基づき互いに関連付けられている。たとえば，SARS-CoV-2というMeSHタームがあり，その同義語として，SARS-CoV-2 Virusや2019 Novel Coronavirus，COVID-19 Virusといった表現が収められている。また，これの上位概念として，Severe acute respiratory syndrome-related coronavirusがあり，さらにまたその7階層上位の概念までたどると，Virusesになる（図1）。

MeSHの概念と概念の間を結ぶ道筋が複数の場合もある。

PubMedで論文を検索する際には，特定のMeSHタームが与えられている論文情報を取得できるだけでなく，当該MeSHタームよりも粒度の細かい，すなわち下位概念のMeSHタームが与えられている論文情報もあわせて取得することもできる。先の例で言えば，CoronavirusというMeSHタームがSARS-CoV-2の3段階上位に定められているので，Coronavirusで検索したときに，SARS-CoV-2が与えられている論文情報も結果として表示されることになる。

MeSHは1年に1回見直しがある

研究の進展に伴い，新たな概念が登場したり，既存の概念の表現方法が変化したりすることもあるため，MeSHタームは年に1度見直しが行われ，新規に追加されたり，表現が変更されたり，削除されたりする。また緊急に必要となる概念が現れると，定期更新を待たずに臨時に追加されることもある（近年ではZika Virus）。

与えられているMeSHタームの信頼度

各論文に付与されるMeSHタームは，以前はすべてが人手により与えられていたが，現在は基本的に自動化されているため，PubMedに収載されてから1日程度経てば付けられる。ただし，自動付与プログラムが苦手とする分野があり，それに対しては人があとから確認しているので，出版されてから日の浅い論文に対する一部のMeSHタームには誤りが含まれていることもある。

そもそもMeSHタームが付けられない論文情報もある

MeSHタームはMEDLINEという論文情報データベースに収載される論文に対して与えられる。PubMedはMEDLINEに対する検索サービスとして開発された。その後，PubMedはMEDLINEよりも広い対象の論文を検索対象とするようになったため，MEDLINEに収載されない論文情報にはMeSHタームはいつまで経っても与えられない。MEDLINEに収載される論文を出版する雑誌はNLMの規定に基づき決められている一方，PubMedは，MEDLINEに収載される論文に加え，PMCの収載基準を満たした雑誌も検索対象にしているなど，両者の収載方針は異なる。

SARS-CoV-2というMeSHタームの上位概念

All MeSH Categories
　Organisms Category
　　Viruses
　　　RNA Viruses
　　　　Positive-Strand RNA Viruses
　　　　　Nidovirales
　　　　　　Coronaviridae
　　　　　　　Coronavirus
　　　　　　　　Batacoronavirus
　　　　　　　　　Severe acute respiratory
　　　　　　　　　syndrome-related coronavirus（SARS-CoV-2）

図1

類似ツールとの使い分け

Google Scholar

Google Scholar(https://scholar.google.com/)では，PubMedとは異なり，研究分野を問わず，学術論文と（英語では）特許および判例法を網羅的に検索できる。Googleが提供しているサービスで無料で使用できる。Googleのアカウントを持っていれば，PubMedのalert機能と同様，新着情報をメールで教えてくれる。また，論文全文がインターネット経由で取得できる場合は，それに対するリンクも表示される。ただ，PubMedのように特定の研究領域に特化していないため，たとえば生物種で絞りこむといった機能はない。

Research Rabbit

Research Rabbit (https://www.researchrabbit.ai/)は，特定の論文に対して，引用論文情報や内容の類似度，著者関係を可視化し，その結果に基づいて関連するほかの論文を探す作業を繰り返せるサービスである。生命科学分野であれば，起点とする論文にはPubMedの検索が利用される。Human Intelligence AIという会社により作られ，無料で利用可能である。検索語で論文を探すのではなく，このような可視化を繰り返しながら所望の論文にたどり着くことを想定している。このため，MeSHタームを含めて，システムに与える検索語を試行錯誤するPubMedとは論文を見つける手段が異なる。

Semantic Scholar

Semantic Scholar (https://www.semanticscholar.org/)は，Google同様に，生物医学分野に限らず，広い分野の学術論文を対象として検索する。Allen Institute for Artificial Intelligence (AI2)という非営利研究組織が開発，提供している。生物医学分野とコンピュータサイエンス分野の論文に対しては，検索結果として，タイトルや著者名などの書誌情報に加えて，AI2が開発した人工知能により生成された各論文のサマリー（TLDR）が表示される。PubMedとは異なり広い研究分野を対象としているため，Google Scholarと同様に，　絞りこみ機能は一般的な事項に対してのみである。PubMedを含むほかのサービス同様に，アカウントを作り，特定の検索条件を設定しておくと，定期的に新着情報が届く。また本サービスでは，あらかじめ登録した論文をほかの論文が引用したときにもお知らせが届くように設定できる。

06 文献管理ツールPaperpileで論文情報を収集・整理・文献リスト作成

▶ ▶ ▶ 成川 礼　東京都立大学大学院 理学研究科 生命科学専攻 植物環境応答研究室
光合成微生物グループ

　文献管理ツールの主要な使用用途として，論文情報の収集と整理，論文執筆における引用文献リスト作成などが挙げられる。生命科学分野では，関連雑誌数が年々増加し，出版される論文数も急激に増加している。このような状況において，最新論文をフォローしつつ，自らの研究成果を出版していくうえで，文献管理ツールを使いこなすことが肝心である。

　文献管理ツールとしては，古くから利用されてきたEndNoteに加え，Mendeley，Zotero，ReadCube Papers，Paperpileなどさまざまなツールが利用できる状況である。筆者は学生時代にEndNoteを使用していたが，その後，Mendeley→ReadCube（現在はReadCube Papers）→Zotero→Paperpileへと乗り換え続け，最終的にPaperpileに落ち着いたという経緯をたどったので，それぞれのツールの特徴をある程度把握している。本章では，ここ数年で利用者が増えているPaperpile（月額2.99ドル）に焦点を当て，その利用法を概説する。ほかのツールも基本的な利用法には共通点が多いため，本章が**文献管理ツール全般への入門**となれば幸いである。

文献管理ツールPaperpileでできること

- 論文情報の収集：PubMedやGoogle Scholarから，論文の書誌情報を抽出し，データベースに格納する。その際，論文PDFがダウンロード可能な場合，Googleドライブに論文PDFを格納する。
- 論文情報の管理：格納した論文情報にスターマークをつけたり，フォルダ分け，ラベル付けできる。
- 執筆中の論文への引用挿入，引用文献リストの自動生成：Googleドキュメント，Wordの両方において，論文中に引用を挿入したり，引用文献リストを自動生成したりできる。投稿予定の雑誌のフォーマットに自動的に合わせることができる。

▶ Paperpileの使い方

（1）Google ChromeでPaperpileをインストール

Paperpileはウェブ版ツール
Paperpileは，ウェブブラウザであるGoogle Chrome（やEdge，opera，Vivaldiなどのchromiumベースのブラウザ）上でのみ動くウェブ版のツールである。Paperpileを使用するためには，Paperpile Extension（Chromeの拡張機能）をインストールする。

Paperpileをインストールする

Paperpile Extensionをインストールするには,Chromeウェブストアで Paperpileのページを検索し(❶),「Chromeに追加」(❷) をクリックする。

(2) 論文情報を収集する

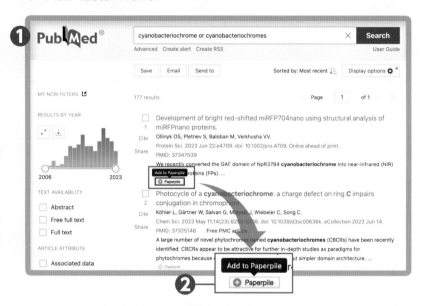

論文情報をフォルダに保存

Paperpileをインストールしたうえで, PubMedやGoogle Scholarで文献情報を検索すると(❶),ヒットした論文それぞれに対して,「+Paperpile」というボタンが表示される (❷)。収集したい論文に対応するボタンを押すと,自動的に該当論文の書誌情報がGoogleドライブのPaperpileに格納される。

論文PDFはAll papersに保存される

論文PDFがダウンロードできる場合, Googleドライブの Paperpileフォルダ内(❸)のAll Papersというフォルダ (❹) に,筆頭著者のアルファベットごとに分けられたサブフォルダが作られ, そこに自動的に論文PDFが格納される(❺)。

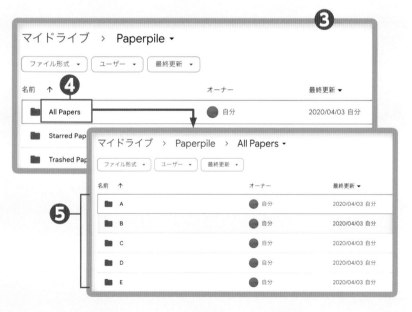

おっと 気をつけよう!

データベースによる重複がない

一度, あるデータベースから書誌情報が収集された論文は, ほかのデータベースで検索しても, すでに収集済みとして表示されるようになる。

自宅でアクセスした論文が後でちゃんとダウンロードされる

インターネットにアクセスする環境によって(たとえば自宅などでアクセスした際に), 論文PDFへのアクセスが制限されていた場合, 後日, アクセスが制限されていない環境でインターネットにアクセスすると, 自動的に論文PDFが検索されダウンロードされる。

(3) 論文情報を管理する

★のStarred Papersフォルダ

Paperpileでは，格納した文献を管理するうえでさまざまな機能が実装されている。

お気に入りの論文にスターマークを付けることができ，マークを付けた論文のPDFはもとのフォルダとは別個のStarred Papersフォルダにも複製されて格納される（❶）。

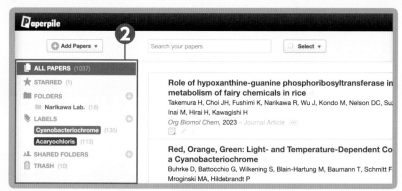

文献のフォルダ分け・ラベル付け

文献のフォルダ分け・ラベル付け機能が実装されており，1つの論文を複数のフォルダに格納したり，1つの論文に対して複数のラベルを付けたりすることができる（❷）。ラベルの色やスタイルは細かく指定でき，視認性と弁別性が高い形で整理することができる。

専用ビューアーでコメント付け

論文PDFを閲覧するための専用ビューアーがあり，ハイライト（❸），注釈（❹），コメント（❺）の追加ができる。

■ MEMO

柔軟な機能も魅力

手動で論文PDFを登録したり，書誌情報を入力したりすることもできる。EndNote，Mendeley，ZoteroなどでManage していた文献データをPaperpileに転送する機能も実装されており，ツール乗り換えのハードルが低い。

（4）執筆中の論文への引用挿入

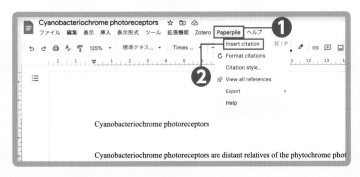

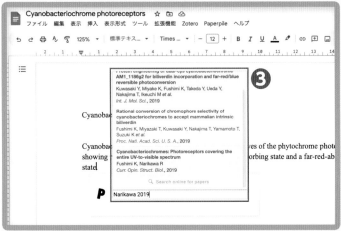

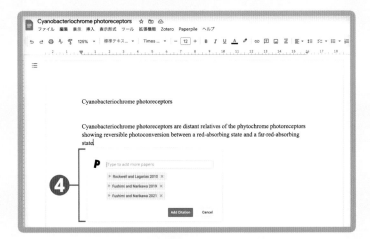

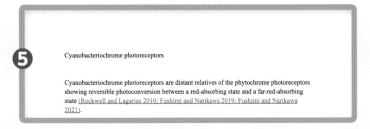

引用の挿入（Googleドキュメント）

Paperpileは，開発当初からGoogleドキュメントでの引用挿入機能と引用文献リストの自動生成機能が実装されている。近年，Wordにも実装されるようになり便利である。

Googleドキュメントにおいては，Chromeの拡張機能によって，タブのなかに「Paperpile」の項目が追加される（❶）。この項目の「Insert Citation」（❷）から，目的の文献を著者名，年代，キーワードなどから検索して（❸）選択し実行すると，引用が挿入される。

複数の文献を同時に選択して（❹），引用を挿入することもできる（❺）。

（5）執筆中の論文での引用文献リストの自動生成

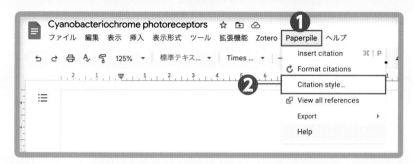

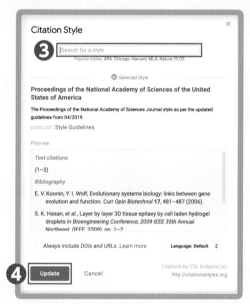

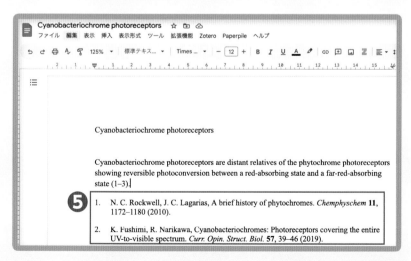

引用文献リストの生成（Googleドキュメント）

「Paperpile」（❶）→「Citation style」（❷）から，目的の雑誌名を入力して（❸），updateをクリックすると（❹），事前にカーソルを置いていた箇所に，その雑誌のフォーマットで引用文献リストが自動生成される（❺）。

引用および引用文献リストは，「Format citations」から随時更新することができる。

MEMO

Paperpileの人気が高くなっている

Paperpileは2012年にサービスが提供され始めた比較的後発のツールである。筆者が2020年と2022年にX（旧Twitter）のアンケート機能を利用して，それぞれのツールの利用状況を調べたところ（https://twitter.com/rei_nari/status/1528658801124995072），どちらの年もEndNoteとMendeleyが主要ではあったが，2022年にはPaperpileとZoteroの利用者がかなり増加していた。

さまざまな文献管理ツールを使用してきた経験から，これら2つのツールはシステム構成がシンプルで，無料あるいは安価に利用可能であり，今後も利用者は増えていくと想像される。

Paperpileはウェブ版のみのシンプルな構成となっており，Googleの各種サービスとの連携が強固である。以前はGoogleドキュメントでしか引用挿入・引用文献リストの自動生成機能が使用できなかったが，近年，Wordでも使用可能になった。

▶ WordでPaperpileを使う

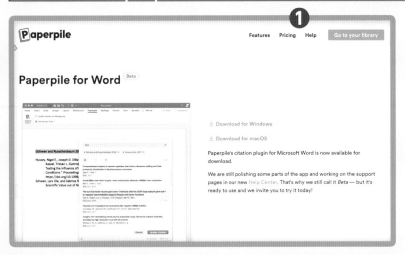

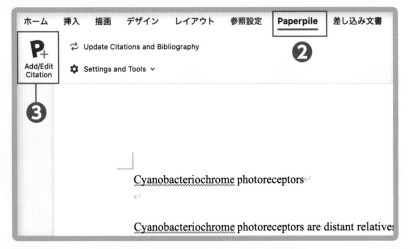

Wordでも同様の作業が可能

Wordにて，同様の作業を行うためには，Paperpileの拡張機能をWordに導入する必要がある（❶）。

導入すると，Googleドキュメントと同様に，タブに「Paperpile」の項目（❷）が表示されるようになる。

引用を挿入する

❷のタブをクリックしてから，現れた「Add/Edit Citation」をクリックし（❸），目的の文献を選択して「Insertion Citation」をクリックすれば（❹），引用が挿入される。

おっと 気をつけよう！

GoogleドキュメントとWord間でPaperpileを変換する

GoogleドキュメントからWord，もしくはその逆方向の変換をするには，文書そのものの書き出し・変換が必要であるが，Paperpileで生成されたGoogleドキュメント中の引用・引用文献リストも変換操作が必要になる。単に文書をWordに変換しただけでは，WordのPaperpileを用いた上書き編集をできるようにはならないのである。

PaperpileをWordで編集できる形に変換するには，「Settings and Tools」から，「Convert from Paperile Google Docs」を実行すればよい。

また，Wordで編集後，さらにGoogleドキュメントで編集する場合，「Settings and Tools」から「Export to Google Docs」を実行すると，Googleドライブに変換されたファイルがアップロードされる。このファイルはGoogleドキュメントのPaperpileを用いて引き続き編集することができる。

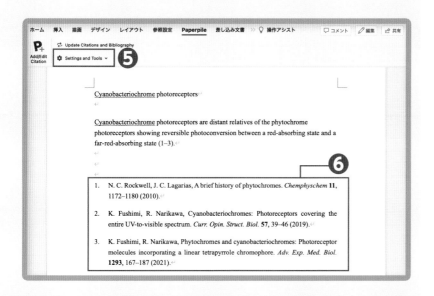

引用文献リストを生成（Word）

「Settings and Tools」（**❺**）から「Citation Style」に進み，目的の雑誌名を選択し実行することで，その雑誌のフォーマットで引用文献リストを自動生成できる（**❻**）。

引用および引用文献リストは，「Update Citations and Bibliography」から随時更新することができる。

TOGO TV
「文献管理ツールを使って研究の進展とアウトプットを加速する @ AJACS オンライン11」
https://togotv.dbcls.jp/20220806.html

TOGO TV
「Paperpileを使って文献情報の管理や引用文献リストを作成する」
https://togotv.dbcls.jp/20200716.html

類似ツールとの使い分け

類似ツールとして，EndNote, Mendeley, Zotero などが挙げられる。どのツールにも似たような機能が実装されており，文献情報の収集と管理，執筆中の論文への引用挿入・引用文献リストの自動生成を行うことができる。

EndNote

EndNoteは古くから存在する有料ソフトウェアである。高額である分，機能も充実している。

TOGO TV
「EndNote Webを利用して文献管理をする」
https://togotv.dbcls.jp/20130809.html

Mendeley

Mendeleyは基本的に無料で使用でき，無料版でも2 GBのオンラインストレージを使用できる。また，所属機関が機関版を契約している場合，100 GBの容量を使用できる。Mendeleyはパソコンにインストールするスタンドアロン版とウェブブラウザで利用できるブラウザ版があり，両方の操作に慣れる必要がある。引用挿入・

引用文献リストの自動生成はWord上でのみ実行可能であり，Googleドキュメントで論文を執筆している場合，有用性は低い。

TOGO TV
「Mendeleyを使って文献情報の管理や引用文献リストを作成する」
https://togotv.dbcls.jp/20200511.html

Zotero

Zoteroはスタンドアロン版のみのシンプルな構成となっており，無料版が提供されているものの，無料で使用できるクラウド容量は少なく，それ以上の容量を利用する場合は有料となる。WordとGoogleドキュメントの両方で引用挿入・引用文献リストの自動生成機能が実装されているのが大きなメリットである。両ツールを併用している人にとって，長らく唯一の選択肢だったと言えるが，上述のように，Paperpileでも両ツールでの利用が可能となった。

TOGO TV
「Zoteroを使って文献情報の管理や引用文献リストを作成する」
https://togotv.dbcls.jp/20200423.html

英語表現, 略語表現, 差分作成で文章執筆を支援するツール — inMeXes, Allie, difff

▶ ▶ ▶ **池田秀也** 大学共同利用機関法人 情報・システム研究機構 データサイエンス共同利用基盤施設
ライフサイエンス統合データベースセンター（DBCLS）

文章執筆を効率化するツールであるinMeXes, Allie, difffを紹介する。inMeXesは**英語表現検索ツール**で，文章の幅を広げるための多様なフレーズや表現をすばやく検索できる。Allieは**略語検索ツール**であり，頻繁に使用される略語の展開形（正式名称）を迅速に調べることができる。difffは**差分可視化ツール**で，文章の修正や校正作業に役立つ。

ChatGPTは文章執筆の支援においても非常に有用なツールだが，調べ物に利用しようとした場合，返答の根拠が不明確であり，もっともらしい返答に正当性を欠くこともあるため，少なくとも現状では，返答が正しいかどうかを別の手段で探したほうがよいだろう。出力のインターフェースも限られている。したがって本章で紹介するツールは**ChatGPT時代においても依然として有用**であり，うまく活用してほしい。ChatGPTを用いた英文校正の方法については第9章で解説されている。

＼文章執筆支援ツールでできること／

- inMeXes：PubMedで使用されている英語表現を頻度順に知ることができる。
- Allie：略語の展開形を調べられる。
- difff：文章の差分を可視化できる。

▶ inMeXesの使い方

https://docman.dbcls.jp/im/

フレーズの使用頻度や使用例がわかる
inMeXes（「インメクセズ」と読む）のトップページを開く（❶）。inMeXesは，PubMedに登場する英語表現を検索（逐次検索）するツール。入力した表現を含むフレーズを，使用頻度とともに知ることができ，実際にそのフレーズが使われている文も見ることができる。ある動詞を修飾する副詞や，あとに続く前置詞を知りたい，などといったときに活用できる。

（1）そのフレーズの使用頻度や使用例を調べる

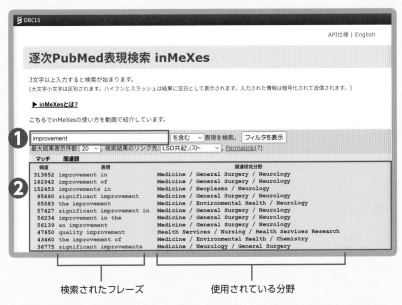

検索されたフレーズ　　　　使用されている分野

検索語を入力する

inMeXesのトップページの検索窓に，例として，「improvement」と入力する（❶）。緑色の背景の部分（❷）が検索結果であり，「improvement」を含むフレーズが，PubMedでの使用頻度が高い順に表示されている。「improvement」のあとに続く前置詞としては，「in」が最も多く，次いで「of」が多いことがわかる。

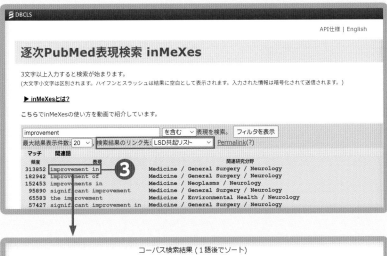

フレーズ使用例を確認する

各フレーズが，実際の文中においてどのように使われているか知りたい場合は，そのフレーズ〔たとえばimprovement in（❸）〕をクリックすると，検索対象での使用例が表示される（❹）。検索対象は，「検索結果のリンク先」のプルダウンメニューから選択できる。デフォルトでは，「ライフサイエンス辞書プロジェクト」の提供する「LSD共起リスト」となっている。ほかにWikipediaやPubMedなどが選択できる。

このように実用例を確認することで，自分が使おうとしている文脈でも違和感がないかを知るヒントが得られる。

用語解説

逐次検索とは？

検索窓に1文字入力すると即座に検索が開始され，文字の入力が進むとそのたびに検索も更新される方式。辞書などの検索で有用とされる。

おっと 気をつけよう！

大文字と小文字

inMeXesでは大文字と小文字は区別して扱われるので注意する。

（2）似た使われ方の英単語を調べる

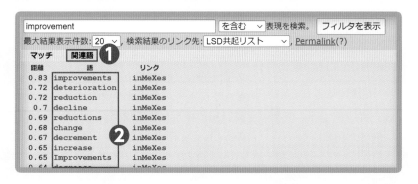

関連語を検索する

検索語を入力後に，「関連語」タブ（❶）をクリックすると，「improvement」と似た意味で使われている語が表示される（❷）。improvementの場合，「increase」，「deterioration」，「reduction」などが示される。英文を書いていて，似たような表現を繰り返してしまった際に，異なる表現を探すために参考にすることができる。

（3）フレーズの検索条件を詳細に設定する

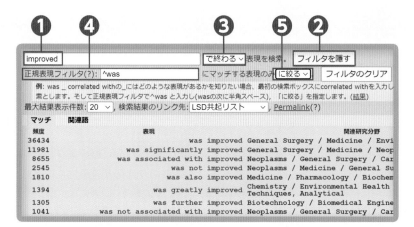

正規表現を使って絞りこむ

検索語として入力する文字列に正規表現を使うことはできないが，検索結果のフィルタという形で正規表現を利用できる。これにより，たとえば「was improved」という表現において「was」と「improved」の間に入る表現とその頻度を調べることができる。

検索窓に「improved」と入力して（❶）検索結果が表示されたあと，「フィルタを表示」（❷）をクリックする（左図はクリック後の画面なのでボタンが「フィルタを隠す」に変わっている）。検索語の横にあるプルダウンメニュー（❸）で「で終わる」を選択すると，improvedで終わる表現のみが表示されるようになる。

さらに，「正規表現フィルタ」（❹）で「^was」と入力し，その横のプルダウンメニュー（❺）で「に絞る」を選択することで，「was」で始まるものに検索結果が絞りこまれる。「was」と「improved」の間に入る副詞としては，「significantly」が最も多く，ほかにも「greatly」や「further」が例として見られる。

用語解説

正規表現とは？

複数の文字列を，記号を用いることで1つの文字列とする表現。

記法にはいくつかあるが，inMeXesで使用できる例には以下などがある。

- 「^」　文字列の始まりを意味する
- 「$」　文字列の終わりを意味する

詳細は，inMeXesのフィルタ右上にある「正規表現について」（❶）のリンクなどを参照してほしい。

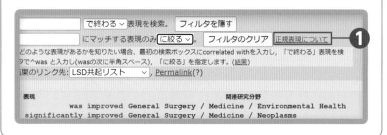

TOGO●TV

「inMeXesを使って文献に頻出する英語表現や関連語を高速に検索する 2018」
https://togotv.dbcls.jp/20180126.html

類似ツールとの使い分け

ChatGPT

簡単に英文を書いてChatGPT (`https://chat.openai.com/`) に添削を頼めば，適切な表現に直してくれたり，表現の言い換えを提案してくれたりする。ChatGPTの添削や提案を採用するかどうかを，表現の実用例を見て検討したい場合には，その表現をinMeXesで検索すれば考察を深められる。

Ludwig

inMeXesと類似したサービスとして，Ludwig (`https://ludwig.guru/`) がある。Scienceなどの論文誌やNew York Timesなどの新聞をソースとしているのが特徴。無料版では機能の制限が多く，実質的には有料サービスだが，正しい英文が使われているという**信頼度の高いソース**に絞っていることがメリットである。

Academic Phrasebank

少し方向性が異なるが，表現力を磨くためのアシストになるサービスとして，マンチェスター大学が公開している学術表現フレーズ集の Academic Phrasebank (`https://www.phrasebank.manchester.ac.uk/`)を紹介しておく。論文でよく使われる表現が，**論文のセクション別**(Introduction, Methodなど)や**場面別**〔例を**挙げたいとき**(Giving examples)，用語を**定義したいとき**(Defining terms) など〕に分けて収載されている。

たとえば，「Giving examples」のページの「Examples as the main information in a sentence」(例を挙げることが目的の文を書くとき)という項目には，「A well-known example of this is …」や「Another example of what is meant by X is …」といった表現が例示されている。アカデミックライティングに習熟するために参考になる。

▶ Allieの使い方

`https://allie.dbcls.jp/ja`

略語とその展開形を検索できる

Allie (「アリー」と読む) のトップページを開く (**1**)。Allieでは，生命科学分野で使われる略語とその展開形を検索できる。PubMedに収載されているすべての文献のタイトルと要旨を検索の対象としている。略語は多義語になっていることが多いが，Allieを使うことで自分の知りたいものの意味に迅速にたどり着くことが期待できる。

(1) 略語を検索して正式名称を知る

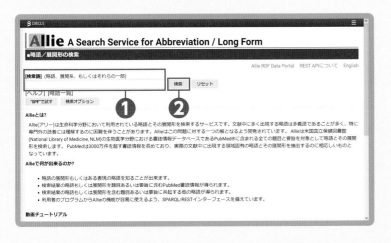

検索語を入力する

Allieのトップページで，検索窓 (**1**) に目的の語を入力し，検索ボタン (**2**) をクリックする。

> **Tips** **略語を作るときにも便利**
>
> 自分で新規に略語を考案したいときにも便利で，既存のものとの衝突を避けるために使える。

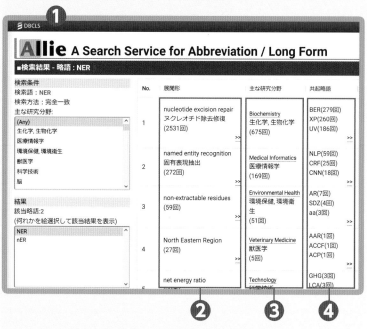

（2）その略語が登場する出典を突き止める

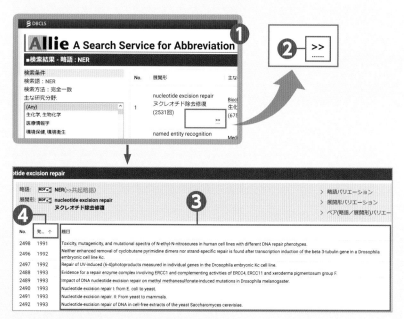

類似ツールとの使い分け

ウェブ検索

単にウェブ検索するだけで目的の略語の展開形を知ることができる場合も多いが，一般的な言葉と同じ文字列になる略語などではそれが難しいこともある。Allieでの検索では，まず略語であることが前提になっているので一般的な言葉が除かれるのはもちろん，複数の展開形候補がある場合もそれぞれが使われる分野が併記されるので，目的の展開形にたどり着きやすいのがメリットである。

「NER」で検索してみると

例として「NER」で検索した結果を示す（❶）。PubMedに収載されている文献中でNERと略される表現の**展開形**（❷）が，頻度順に表示される。

主な研究分野の列（❸）には，その語がおもにどの分野の文献で使われている語であるかが表示される。今回のNERの場合，生化学分野で使われるnucleotide excision repair（ヌクレオチド除去修復）や，医療情報学分野で使われるnamed entity recognition（固有表現抽出）が上位となっている。

共起略語の列（❹）には，同じ文献内に登場するほかの略語の例が頻度順に挙げられており，関連する概念を知ることができる。

ページを下にスクロールすると，左側で「表示設定」を設定できる。デフォルトでは「100件」だが，「全件」も選択できる。

登場する文献を確認

検索結果（❶）展開形の各セルの下にある「>>」（❷）をクリックすると，略語が登場する文献のリストが表示される（❸）。各文献タイトルはPubMedにリンクされており，クリックするとPubMed上の該当論文のページにアクセスできる。

カラム名の「発表年」（❹）を2回クリックすると，発表年を古い順にソートでき，このとき表示設定を「全件」を選択しておけば，略語の初出の文献を知ることができる。

おっと気をつけよう！

大文字と小文字
Allieでも，大文字と小文字は区別して扱われるので注意する。

TOGO TV
「Allieを使って略語の正式名称を検索する 2017」
https://togotv.dbcls.jp/20171025.html

▶ difffの使い方

https://difff.jp

（1）2つの文章を比較する

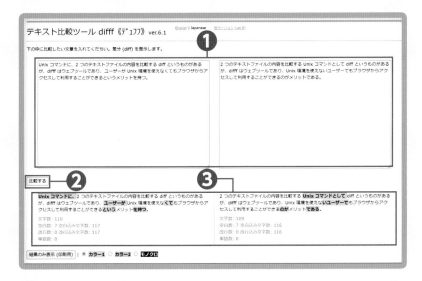

差分を可視化する

トップページを開く（❶）。difff（「デュフフ」と読む）は2つの文章を入力し差分を可視化するウェブツール。執筆中の原稿の推敲前後の比較や，ソースコードの比較などに使うと便利だ。なお，2つのテキストファイルの内容を比較するUNIXコマンドとしてdiffがあるが，UNIXコマンドを使えない環境やユーザーにはこのdifffが有用。

比較する文章を入力

difffのページにアクセスする。左右に表示されている入力枠（❶）のそれぞれに比較したい文章をペーストする。左下にある「比較する」（❷）をクリックすれば結果が表示される（❸）。入力枠の下に入力文章が表示され，文章の差分が水色で強調される。

結果を共有できる

比較した結果をほかの人と共有したいときは，画面下の「結果を公開する」をクリックする（❹）。これにより，実行結果がサーバーに保存され，共有用のURLが発行されるので，これを共有したい相手に伝えればよい。なお，このURLが有効なのは3日間であり，この期間を過ぎると自動的に削除されるので注意する。
なお，「結果を公開する」を行わない限り，サーバー側に入力内容が保存されることはない。

TOGO▶TV

「difff《デュフフ》を使って文章の変更箇所を調べる」
https://togotv.dbcls.jp/20130828.html

▶ 類似ツールとの使い分け

diff（UNIXコマンド）

大抵のUNIX環境においてデフォルトで利用可能なコマンドにdiffがあり，テキストの差分を調べるのに用いられる。すでにテキストファイルとして保存されているものを比較したい場合は，diffコマンドで「$ diff file1.txt file2.txt」のように実行することで両者の差分を可視化することができ，便利である。colordiffというパッケージを使うと，比較結果に色付けをして見やすくすることができる。
比較したいテキストがWordファイルやウェブページに載っている文章の場合は，本章のdifffに直接ペーストするほうが早い。difffでは実行結果をURLとして発行することもできるので，比較した内容を他人と共有したい場合にも便利である。

08 AIツールを使って論文を効率的に執筆 ——Grammarly, DeepL, ChatGPT

▶ ▶ ▶ 横井 翔　国立研究開発法人農業・食品産業技術総合研究機構 生物機能利用研究部門
昆虫利用技術研究領域 昆虫デザイン技術グループ

昨今のAI技術の向上によって，自動かつ高精度で英文の校正や翻訳をしてくれるツールが登場している。これらのツールを上手に活用することで，論文を効率的に執筆することが可能になった。本章では筆者が論文や英文を書く際に活用している英文校正ツールのGrammarlyと，自動翻訳ツールのDeepLの使用法および活用法を紹介する。また最近話題になっている，対話型人工知能ツールであるChatGPTを利用した英文校正についても紹介する。

ただし，これらは有用な支援ツールだが，あくまで英文表現の「提案」をしてくれるだけであり，提案内容を判断せずにそのまま鵜呑みにするのは危険だ。提案が妥当かどうかを判断するための自身の英語力を向上させていくことは変わらず重要だろう。

英文校正・翻訳ツールでできること

- Grammarly：自分の書いた英文の文法チェックやスペルチェックができる。
- DeepL：自分の書いた英文を日本語に翻訳することができる。翻訳された日本語を確認することで自分の書いた英文が，意図した通りの意味になっているか確認できる。また，翻訳された日本語を英文に翻訳した文章を活用することで，よりよい表現に自分の英文を修正することができる。
- ChatGPT：自分の書いた英文を，指示したスタイルに合わせて校正できる。

Grammarlyで英文を校正する

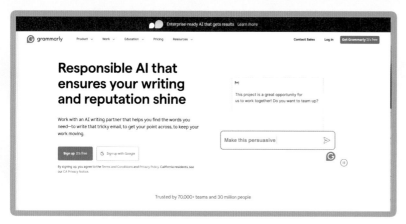

https://www.grammarly.com/

アカウントの作成

Grammarlyを使って，入力した英文の文法やスペルチェックを行うことができる。初めて利用する場合はアカウントを作ることが必要。Grammarlyのホームページにアクセスし，メールアドレスを登録してアカウントを作成する。

(1) 英文を挿入し, 文章レベルを設定

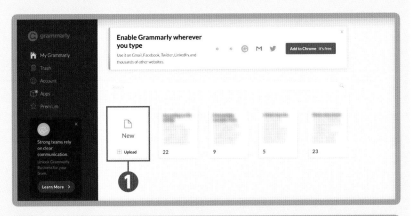

文章を挿入する

Grammarlyにログインし,「New」を選択(❶)。
ちなみに右隣りには過去に使用した文章が出
てくる。
❷のボックスに作成した英文を入れる。

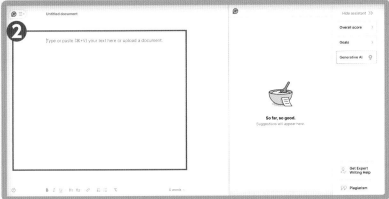

初回の場合は設定画面が現れる。論文の場合
は Audience は「Expert」(❸), Formality は
「Formal」(❹), Domain は「General」(❺,
Premium プランでないとほかは選べない),
Intent は「Describe」(❻)を選ぶとよいだろう。

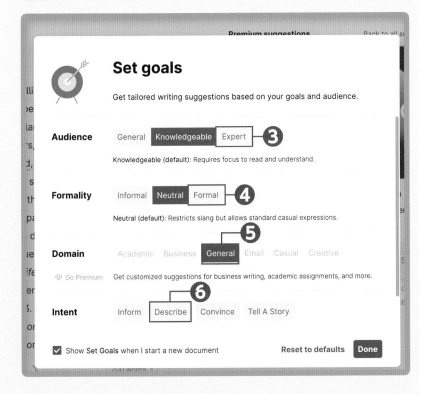

（2）修正案の採用・不採用を決めていく

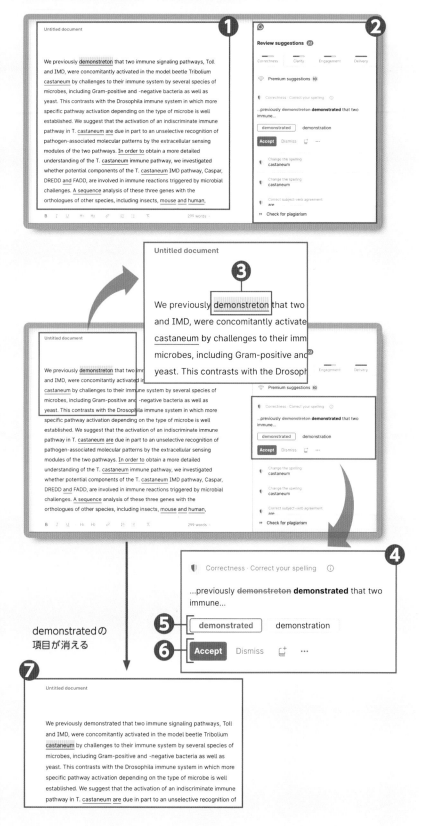

demonstratedの項目が消える

校正結果

英文をボックスに入れると校正結果が表示される。画面左（❶）の文章中で赤線が引かれている部分に対してGrammarlyが修正案などを提案している。右側（❷）には，なぜ修正すべきかが示される。

赤線が引かれた部分をクリックすると赤色にハイライトされる。まず，「demonstreton」（❸）の訂正案を見てみよう（❹）。今回の場合はスペルミスであり「demonstrated」にしたいので，その修正を採用する。その場合は「demonstrated」と書かれた部分（❺）を選択して，その下の「Accept」（❻）をクリックする。すると，そのように訂正され，左の赤いハイライトが消える（❼）。

TOGO TV
「Grammarly を使って英文校正をする」
https://togotv.dbcls.jp/20181213.html

（3）学名を辞書に入れる

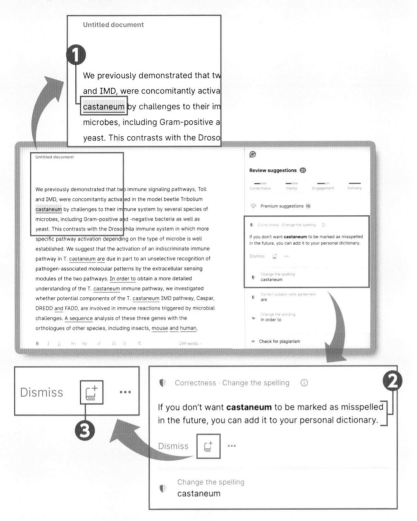

次に「castaneum」（❶）がスペルミスとして，修正候補になっている（❷）。しかし，この単語はコクヌストモドキの学名である*Tribolium castaneum*を指しているので，修正はしない。その場合は「Add to dictionary」のマーク（❸）をクリックする。この部分だけでなく，ほかのcastaneumの訂正案も消える。

以降同様にして，左側の赤線が引かれた部分をクリックして，右側で修正内容を確認し，採用するかしないかを決めていきながら文章を訂正していく。青線は変更したほうがbetterであるとする箇所。同様に対応する。

（4）有料プランもある

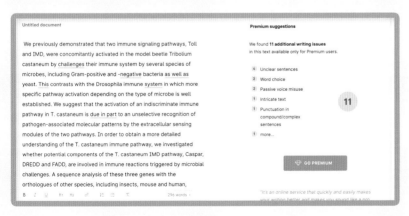

Premiumプラン

すべて修正するとPremiumプランでの修正案が示される。Premiumプランでは，さらに詳細かつきめ細やかな修正案を受け取ることができる。年間契約で2万円程度である（2024年5月契約時点）。頻繁に英語の文章を書く人は役に立つので検討してみるとよいだろう。筆者はよく英語の文章を書いているし，自分の英語の作文レベルに自信がないので，Premiumプランを活用している。詳細はGrammalryのHPを参照して欲しい。

▶ DeepLでよりよい表現を探る

(1) DeepLで表現などの改訂を行う

https://www.deepl.com/ja/translator

DeepLにアクセス

DeepLのホームページにアクセスしてみよう（❶）。DeepLを使うことによって、よりよい表現がないかを確認して改訂が行える。

作成した英文を日本語に翻訳して確認する

DeepLの左側のボックスに文章を入力する（❷）。入力すると自動で言語を認識して、翻訳が開始される。

左側のボックス（❸）に入力した英語に対する日本語訳が、右側のボックス（❹）に表示される。左側のボックス内に表示されている英文の1文をクリックすると（❺）、クリックされた英文に対応する日本語訳が右側のボックス内において、青で表示される（❻）。
自分の書いた英文の内容をDeepLが理解しているかどうかを、日本語訳を見て確認する。

日本語訳を踏まえて英文を修正

日本語訳が自分の伝達したい内容と著しく異なっている場合は英文を修正する（DeepLが間違って翻訳している場合もある）。

日本語訳を英訳し、よりよい表現を探る

続いて、DeepLが示した日本語訳を左側のボックスにコピペして（❼）、それの英訳を実行する（❽）。作成した英文（DeepLで出した日本語訳にもとづいて修正を行った英文）と見比べて、DeepLの英訳の表現がよりよいと判断したならば、文章を改訂していくとよいだろう。

▶ ChatGPTで英文のさらなるブラッシュアップ

(1) ChatGPTでさらに英文の改訂を行う

https://chat.openai.com

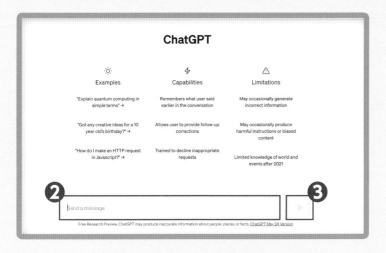

アカウントの作成

作成した英文をChatGPTを用いてさらに改訂していく。OpenAIのホームページにアクセスして (❶) アカウントを作ることが必要。

ChatGPTに, ログインした後, 白いボックス(❷)に以下のような英文で指示を出す。

You are an English language reviewer. Please revise the text input to fit the scientific research paper and no need to show revised points. The input text is""

" "の間に校正してほしい英文を入力する(指示を変えれば, 文章のスタイルを変更することができる)。英文の指示を書くにはDeepLを活用するとよいだろう。指示の入力が終わったら紙飛行機のアイコン (❸) をクリックする。するとChatGPTが答えを返してくれる(❹)。この解答を参考にして, 必要に応じてよりよい文章を選択し改訂していく。改訂した文章をもう一度入力し, その出力結果を見て検討するという作業を繰り返すことで, 英文がブラッシュアップされていく。

このようなツールは, 特に, 英文作成にあまり自信がない筆者にとって非常に有用なツールであると感じた。

おっと 気をつけよう！

ツールがあったとしても英文を書く能力は必要

ツールの提案がいつも正しいとは限らない

筆者の経験では，ここで紹介した３つのツールのいずれの場合でも，提案された英文が必ずしもよい文章とは言えないこともあった。これらのツールは学術論文執筆の際に非常に役に立つツールである一方，必ず正しい提案をするわけではない。従って，提示された案が正しいか判断するための英語の能力は依然として必要だと考えられる。つまり，このようなツールがあれば正しい英文を書く能力がなくてもよいというわけではなく，自分で英文を書く能力，英文を解釈する能力は必要なのである。

英文校正に出す必要は？

また，３つのツールを使って訂正した文章をそのままジャーナルに投稿してよいかと言うと，筆者はプロの英文校正に出してチェックを受けてからのほうがよいと考える。英文校正に出す場合でも，よく改訂された文章を出したほうが，校正者も理解しやすく，よりよい英文を提案してくれるだろう（もともと英文を書く能力が高い人はそもそもこんなツールや英文校正も必要ないかもしれないが）。

上手に使えば大いに役立つ

入力する文章の質が非常に低いと，ツールが間違った解釈をして，文章が間違った方向にどんどん修正されていく可能性もある。以上のことから，３つのツールを活用するために，最低限の英文を書くレベルは求められることに間違いないだろう。一方，ある程度のレベルで英文を書ければ，これらのツールによって，さまざまな提案が自動でなされるので，自前でかなりよい英文に改訂でき，学術論文の執筆作業はかなりはかどるはずである。自分の英語の能力を上げつつ，上手にツールを活用することで，これまでより効率よく学術論文を執筆できることだろう。

サンプル英文がダウンロードできる

この章でサンプルに使用した英文は本書のウェブサイト（以下）からダウンロードできる。

https://github.com/hiromasaono/DigitalTools4LS

サンプル英文は08章のフォルダに収められており，以下の４つで構成されている。
- ● 1_Original　Grammarlyに入力した文章
- ● 2_Revised by Grammarly　GrammlyでD修正してからDeepLに入力した文章
- ● 3_Revised by DeepL　DeepLの英文を参考に修正しChatGPTに入力した文章
- ● 4_Output of ChatGPT　ChatGPTが出力した文章

なお，ツールに入力する過程で，種名の部分のイタリックが普通のスタイル（立体）になってしまっていることに注意すること。

サンプルに使用した英文はYokoi et al., 2022 DOI:10.14411/eje.2022.003（CC BY 4.0）を一部改訂したものである。

COLUMN 3 オープンサイエンスと学術出版の多様化

林 和弘 科学技術・学術政策研究所 データ解析政策研究室

科学研究と学術出版のシステム

伝統的な科学研究は，研究者が良い結果を得たならば，その論文を学術誌（定期刊行物）に掲載し，他の研究者ないしは図書館はその定期刊行物を購入することを通じてその成果にアクセスする，という形式で行われてきた。生命科学研究も原則同様の仕組みを通じて研究成果が公開されてきた。そして学術論文の蓄積によって，知が積み上げられ，科学が発展してきた。ニュートンの言葉，「巨人の肩の上に立つ（on the shoulders of giants）」の具体的な仕組（エコシステム）を成すものである（**図1**）。定期刊行物に掲載された査読付き論文は，研究者コミュニティにおける「通貨」の役割を果たしており，良い論文（通貨）をどれだけ持っているかが，評判，昇進，研究費獲得と密接に結びついている。また，この学術出版はピアレビュー（研究仲間による査読）によって一定の質が担保される仕組みとなっている。こうした一連の仕組みを担っているのは，学会，大学出版，商業出版社などの学術出版者（Scholarly Publisher）である。

この学術出版の仕組みは，デジタル化とインターネット（ウェブ）の進展により変化を遂げた。まず，電子ジャーナルの形での発行で，効率化が進んだ。検索が容易になり，引用文献へのリンクも充実し，電子ジャーナルは研究にとって必須のメディアとなっている。

そしてこの電子ジャーナルを含む学術出版は，さらに大きな変容を遂げようとしている。このコラムでは，オープンアクセスとオープンサイエンスの大きな潮流，そしてプレプリントの活発化につ

いて紹介する。

オープンアクセスとオープンサイエンス

すでに読者の多くは，オープンアクセスジャーナルに投稿したことがあるかもしれない。オープンアクセスには細かな定義[2]が存在するが，一言で言えば，電子ジャーナルを誰でもアクセスできるようにし，その再利用も可能とすることである。インターネットにデジタルデータとしての論文を掲載することにより，印刷と郵送に比べれば圧倒的な低コストで論文を世界に公開することができるようになった。となれば，情報の受信者である図書館が高い購読費を払って，その学内だけにアクセスできる電子ジャーナルを買うよりは，情報の発信者である著者，ないしはそれをサポートする公的資金を提供する研究助成団体などが発行に必要な経費（APC：Article Processing Charge，論文掲載料）を何らかの形で払って，誰でも読めるようになるほうが科学研究の発展のためになると考えられる。

生命科学研究は比較的最近生まれた分野であることもあり，オープンアクセスとの親和性が高い。例えば，2000年に立ち上がったオープンアクセス出版社（伝統的な購読費モデルを採用し後にオープンアクセスに対応したのではなく，最初からオープンアクセスジャーナルのみで構成される出版社）の嚆矢であるBioMedCentralは，生命科学医学系のオープンアクセスジャーナルプラットフォームである。また，図書館側のオープンアクセス出

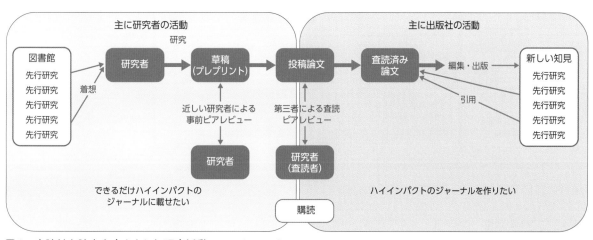

図1 査読付き論文を中心とした研究活動のエコシステム　　文献1をもとに作成

版活動として始まったPLoS（Public Library of Science）は，2003年のPLoS Biologyの創刊がスタートである。米国のNIH（National Institute of Health）は2000年にPMC（PubMed Central）を立ち上げ，2000年代後半のオープンアクセス義務化の動きと連動する形で，医学・生命科学系のオープンアクセス（パブリックアクセス）を推進している。

　2012年に創刊されたeLifeは，生命科学分野に特化したオープンアクセスの雑誌であり，これまでの伝統的な生命科学分野のジャーナルとは異なる革新的なアプローチを取り入れている。eLifeの査読プロセスは独自のもので，審査の厳しさと速度の両方が重視されている。また，オープンデータや再現性にも注力し，データの公開と解析可能性を重視している。

　このようなオープンアクセスという論文オープン化の潮流は，新たな問いを我々に投げかけた。すなわち，そもそも今の査読付き論文というのは紙と郵送による情報伝達の仕組みの上で最適化したメディアである。したがって，その進化の先にはデジタルならではの研究成果公開メディアが開発されてもよいのではないか，という問いである。そしてその流れのなかで，研究データの共有による新たな学術情報流通の仕組みが模索されている。さらに，データ駆動型科学という新しい科学研究のスタイルが展開されつつあり，これにはAI（人工知能）も活用されている。この一連の変容は，「オープンサイエンス」として，特に政策において注目を浴びている。

オープンサイエンスは長期的な社会基盤全体の変革をも織り込んだものであり，研究の姿をデジタルネイティブな姿に変容させるものである。

　このオープンサイエンスに関しても，生命科学はゲノム解析データの共有に始まり，さまざまなデータベースの構築など，オープンなデータインフラの活用にいち早く取り組んできている分野である。つまるところオープンサイエンスは，研究者が研究データや論文をインターネット上で迅速かつ自由に共有し，科学の発展を促すものである。とはいえ，論文のオープンアクセスは相当に進展しているものの，研究データの利活用は依然として大きくは進んでいない。なぜならば，研究データを共有するプラットフォームやデータを共有するインセンティブ，あるいは，研究データを共有・公開することに対する評価がまだ確立していないからと言える。他の分野より研究データ共有が進んでいるとされる生命科学分野でさえも，依然として，研究データの共有に抵抗を持つ研究者も少なくないのが現状である。むしろ，次に紹介するプレプリントの活用のほうが，今の生命科学者にとっては重要な局面をもたらしている。

プレプリントの進展

　プレプリントとは，主に査読つきジャーナルに投稿する前の草稿原稿のことを指す。プレプリント自体は紙のジャーナルのとき

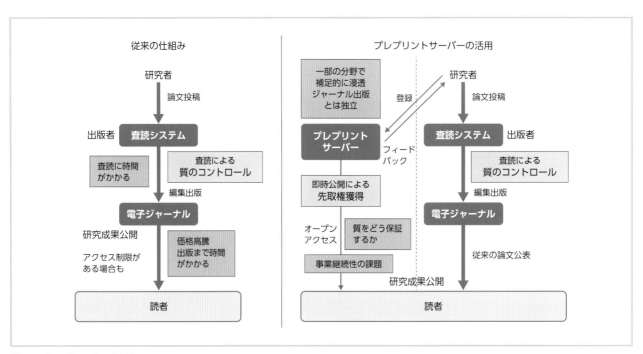

図2　プレプリントの活用

出典：文献3

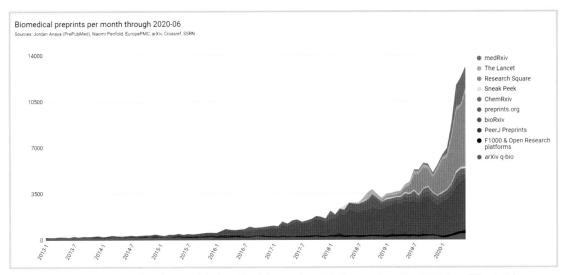

図3　BioMedical分野のプレプリント発行数の伸び（2013年1月から2020年6月の月間プレプリント数）

出典：文献5

から存在するものである。事前に研究者仲間に草稿原稿を共有して意見を求めることは，従来分野を問わず広く行われてきた。プレプリントの位置づけは，査読済みでもなく，出版されたものでもないというものである。1990年代に入ってインターネットが普及すると，このプレプリントを掲載してオープンに誰でも読めるようにするプレプリントサーバーが物理学分野で登場し，新しい知見が迅速に共有されるとともに，研究者は他の研究者からより多くのフィードバックを得ることができるようになった[4]（図2）。生命科学分野でも2013年に立ち上がったBioRxivによるプレプリントの共有が徐々に浸透し，2019年に始まったMedRxivとCOVID-19によって，一気に注目を浴びることとなった。図3はBioMedical分野のプレプリントの発行数であり，近年になって大幅に増加していることが分かる。

　プレプリントサーバーによるプレプリント公開のメリットは，第一に研究の先取権について一定の主張ができることにある。査読を待つことなく，タイムスタンプ付きで第三者のサーバーに論文を掲載することで，着想や得られた知見に対する先取権を主張できる。また，幅広い意見を伺えるのもメリットである。もともと紙の時代には近しい仲間にしか共有できなかったが，インターネットサーバー上に置けば，原理的には世界中の研究者から意見を求めることができる。現在の査読付きジャーナルには，査読や出版に時間がかかって公開までに時間を要することや，必ずしも適切な査読者が見つからない，そもそも少数の査読者の意見しか反映されないなどの課題を抱えており，これを補完する格好となっているとも言える。特に，査読の結果として，科学としての妥当性はありながらも新規性，速報性などから却下となる論文も，プレプリン

トサーバーで共有することで，出版バイアスの一部である，査読者や出版社が良いと判断した結果しか公開されないという事象をある程度軽減することができる。さらに近年では，AIなど機械が活用できるという点がより重要になっており，すべてがオープンに公開されているプレプリントによって，出版バイアスの少ない情報が処理できることも重要である。

　当初，多くの分野でプレプリントサーバー上のプレプリントは査読つきジャーナルの論文を置き換えるものではなく，研究者は別途査読付きジャーナルに投稿することが多かったが，近年になって，プレプリントサーバーの位置づけが変わる兆しが見えてきている。

プレプリントの戦略的活用の重要性

　生命科学の研究者はプレプリントをどのように活用すればよいだろうか。多少主観を交えながら，最初にトピック別[6]に，次に立場別に説明してみよう（分野別よりもトピック別のほうがわかりやすい）。

● 世界的な社会課題（Global Challenges）

　COVID-19禍によって，プレプリントの認知度が大きく上がったが，実はその前のジカ熱やSARSにおいても，情報の共有が行われていた。このような大規模感染症や気候変動など，世界のあるいは地球規模の社会課題のうち，緊急性が高いものについては，プレプリントを積極的に活用して迅速な情報共有を行う必要がある。これは逆の見方をすれば，そこに貢献した研究者は一早くその成果が認められることとなる。

● 非常に進展の早い研究トピック（Super Hot Topic）

　COVID-19禍以前で，プレプリントの共有が流行ったのは人工知能研究であり，特にディープラーニング関連でプレプリントが多く行き交った。実は2000年代後半にも高温超伝導の研究においてプレプリントが飛び交った時代もあったという。どちらにも共通するのが，研究の進展が早すぎて査読が間に合わない，あるいは，競争が激しく査読を待っていられないばかりか，査読付きジャーナルに出している時間的余裕などない，という状況である。ディープラーニングについては，ある日見たプレプリントの内容を再実験して新しい価値を加えて翌日にプレプリントで公開するという例もあったと聞く。このような事例は決して特殊ではなく，情報系の分野全体で見ても，プレプリントを出したら，査読付きジャーナルなどの伝統的な出版物には出さずに，むしろプレプリントを引用して新しいプレプリントを執筆していることが定量的にも明らかである[7]。つまり，プレプリントの共有が進んでいるトピックは進展が早い領域ともいえ，そこに寄与しているならば，競争は激しいながらも旬の研究に携わっているといえるかもしれない。

● 新規性が高すぎる研究トピック（Super Novel Topic）

　研究内容が先進的過ぎる場合もプレプリントが活用される場合がある。なぜならば，新規性が高いということは，その分野の研究者が少ないことを意味することになり，査読できる研究者（ピア，仲間）が見つからないため，そもそも査読のプロセスに乗りにくい。あるいは分野外の査読者が内容の理解をしながら査読をするために時間がかかりすぎる場合がある。ポアンカレ予想，ABC予想などの数学の新しい証明などがこれにあたり，実際両者ともプレプリント相当の草稿がウェブサイトに先に掲載され，時間をかけてコミュニティからお墨付きを得ている。

● 社会的インパクトが非常に高い研究トピック
　（Topic with Super Societal Impact）

　科学的な新規性とはまた別の観点から，実用性が高いもの，早く社会に活用したほうがよい内容も早く共有される場合がある。具体的には，例えば，Google Page Rank（Google検索アルゴリズムの１つ）の論文は大学のサーバーに査読なしの状態で公開されていた。あるいは，経済系の論文の場合はWorking Paperという形式で，先に研究者や研究機関のサイトで論文を公開し，その社会的インパクトが認められて新聞にニュースとして取り上げられることもあるという。ピアレビューは原則として科学者による科学的インパクトの軸に沿った質の評価であり，多くの場合，社会的インパクトを査読しているわけではない。そのため，社会に影響がありそうなものはむしろ早く世に問う方が良い場合もありうる。

　では，立場別にプレプリントをどのように利用したらよいだろうか。主に３つの観点から解説する。

● 生命科学分野の原著論文を書く研究者の場合

　自身の専門における研究成果公開・共有および最新の情報収集の新しいツールとして，プレプリントを無視することはできないだろう。プレプリントの活用が先行している物理学系の研究者の例を紹介すれば，彼らは朝起きたらまずプレプリントを確認して，関連の情報や自分が手掛けている研究内容が他の研究機関や研究者から発表されていないかを確認するという。肝心の内容に関しては，自分の専門性において，都度都度自身で査読を行い，その信頼性や新規性などの質を判断することになる。なぜ高エネルギー物理学で1990年代からプレプリントが浸透したかといえば，論文を書く人と読む人がほぼ同じであるため，その内容については基本熟知しているために自分で判断できる，という環境要因がある。

　プレプリントを出す場合には，先に述べた，先取権の確保，共同研究者の募集，集合知の活用などのメリットを戦略的に活用すべきであろう。ただし，研究のトピックによっては公開のタイミングの是非が問われる場合もあることに注意が必要だ。プレプリントは早くアイデアを世に知らしめることになるため，ライバルに知らせないために，あるいは工業化が見込まれるような内容に関しては，あえてプレプリントとして早期に公開しない戦略もありうる。これは現在の特許戦略にも通ずるものであろう。

● 生命科学研究者が他の分野，あるいは自分のトピックとは
　関連が薄いプレプリントを利活用する場合

　自分でその質を判断できない分野やトピックに関するプレプリントについてはどうだろうか。プレプリントの質は最終的には個々のプレプリントごとによるが，マクロで見た場合，例えば，プレプリントサーバーとして一番歴史が長いarXivの160万本を超えるプレプリントを調査した結果，最終的に6割程度のプレプリントが査読付きジャーナルや書籍など，何らかの形で出版されることがわかった[7]。また，分野が変われど科学的な所作や判断の本質は同じであり，ある程度は科学的な見識で判断が可能であろう。それでも，最終的には，その分野の研究者に見解を伺うことになる。

　この所作は，実は，査読付き論文を読む場合も基本的に変わらないことに気づいた読者もいるかもしれない。査読が通っているからすべて質が良い論文ということは決してない。あるいは，自身の研究に役立つかどうかはまた別の価値づけとなりうる。すなわち，査読が通っていようがいまいが，個々の論文について自身でその価値に対する判断を下し，わからないときはその専門分野の研究者に聞くというのはプレプリントかどうかという以前の，研究者にとって必要な振る舞いとなる。ならば，査読付き論文よりも早く公開されるプレプリントを分野外でも必要に応じて活用する，というのは，ある程度理にかなった行動といえるだろう。

　以上のように，学術出版はまさにデジタルトランスフォーメーションの最中にあるといえ，いわゆる査読付きジャーナルのオープンアクセス化は相当に進み，プレプリントの活用が本格化し，将来的

には研究データの利活用による新たな学術情報流通の可能性がある。ここで，新しい学術出版の可能性と書かなかったのは，インターネット上の迅速な情報のやり取りを，もはや「出版」と呼べない可能性があるためである。

　先に紹介した革新的なジャーナルを目指すeLifeは，2022年10月にジャーナル編集プロセスの大幅な変更を発表し，2023年1月31日から，査読後の論文の採択・不採択の決定を廃止し，査読プロセスに進んだすべての論文は「Reviewed Preprint」として出版することになった[8]。もはやプレプリントと査読付き論文の境界が曖昧になっているのである。このような動きにも着目しながら，当面は，論文執筆時にプレプリントの戦略的な活用を意識し，その論文の根拠データを中心に研究データを管理しておくことを強く推奨したい。そして，もし余力があるならば，研究プロセスの途中のデータも然るべき単位で管理・保存し，いつでも共有・公開できるようにしておくと，さらに将来の学術情報流通に先んじて対応できるかもしれない。

参考文献

1) 林和弘, 2022, 再び注目を浴びるオープンアクセスの背景, 現状と展望 https://www8.cao.go.jp/cstp/gaiyo/yusikisha/20221110/siryo2-2_1.pdfをもとに作成
2) プロローグ：10年後のブダペスト・オープンアクセス・イニシアティヴ https://www.budapestopenaccessinitiative.org/boai10/japanese-translation/
3) 図書館情報学事典, 日本図書館情報学会編, 丸善出版, 2023年, pp.332～333. ISBN 978-4-621-30820-2 https://www.maruzen-publishing.co.jp/item/b304955.html
4) 林 和弘, MedRxiv, ChemRxivにみるプレプリントファーストへの変化の兆しとオープンサイエンス時代の研究論文, STI Horizon, Vol. 6, No.1, pp. 26-31. https://doi.org/10.15108/stih.00205
5) Polka, J K., & Penfold, N C. Biomedical preprints per month, by source and as a fraction of total literature (4.0). Zendo 10.5281/zendo.3955154
6) 林 和弘, 医学分野におけるプレプリントの位置づけ：その可能性と注意点, 第11回日本医学雑誌編集者会議（JAMJE）総会・第11回シンポジウム：シンポジウム. https://jams.med.or.jp/jamje/011jamje_07.html
7) 林 和弘, COVID-19で加速するオープンサイエンス―プレプリント分析にみる学術情報流通の変容―, STI Horizon, 2021, Vol. 7, No.1, pp. 40-45. https://doi.org/10.15108/stih.00249
8) eLife's New Model: Open for submissions https://elifesciences.org/inside-elife/741dbe4d/elife-s-new-model-open-for-submissions

研究者が知っておくべき著作権

三上 智之 　国立科学博物館地学研究部　　黒木 健 　東京大学大学院理学系研究科

　研究活動には，プレゼンテーションや執筆などによる成果の対外発表が伴う。こうした対外発表を行う際には，イメージ画像の提示や先行研究の紹介のために，しばしば他者の著作物を利用することが必要になる。一方で，研究するにあたって，著作権に関する知識を学ぶ機会が提供されることはめったにない。その結果，ともすれば知らず知らずのうちに，他者の著作物を不適切な形で自身の発表に使ってしまう危険性がある。本コラムでは，こうした著作物の不適切使用を防ぐことを目的として，論文・記事・書籍などの執筆や，講演会・学会などでのプレゼンテーションの際に必要になる著作権についての知識を解説する。研究成果を対外発表する際に参考にしていただきたい。

　なお，本稿の内容には注意を払っているが，あくまで一般的なアドバイスを提供するのみであり，個別の事項に関して著者が責任を負うものではない。正式な法律相談が必要な場合は弁護士に連絡されるようにお願いしたい。

そもそも著作物・著作権とは何か？

　著作物とは，著作権法で「思想又は感情を創作的に表現したものであって，文芸，学術，美術又は音楽の範囲に属するもの」と定義されている。単なる事実やアイデアそのものを保護対象にするものではない。たとえば，二重らせん構造のDNAという発想，その根拠となるデータ自体や，データを一般的な手法で表現したのみのグラフ（例：京都大学博士論文事件，知財高判平成17年5月25日）は著作権の対象ではない。ただし，そうした事実を伝えるために執筆された論文は，言葉の使い方などにユニークな思想が表現されることから著作物であるとされる。

　学術的な発表や執筆の際には，しばしば何らかの事実や学説を先に発見し記述した文献などを引用することが求められるが，これは著作権とは無関係である（『中国塩政史の研究』事件，東京地判平成4年12月16日）。一方で，学術的にはなんら意味のない子どもの落書きは著作物として保護されうる。学術的に適切であることと，著作権を侵害しないことは別々の問題であり，それぞれに注意を払う必要がある。

　また，個別の事実，たとえば電話番号には当然著作権はないとしても，それを集約・一覧して作成された電話帳は，取捨選択や分類体系の工夫に創作性があるため著作物とみなされる（例：タウンページデータベース事件，東京地判平成12年3月17日）。このことは生命科学においてデータベースを利用・作成するときに踏まえておくとよいポイントだろう。

　著作権に関連する権利として，著作者人格権がある。著作者として氏名を表示される権利や，意に反する改変や名誉を傷つける使用をされない権利が含まれる。日本の著作者人格権は諸外国と比べても厳しく規定されている。なお，後述のクリエイティブ・コモンズライセンスでは氏名の表示はカバーされているほか，改変についても著作者の意図を明確に示すことができる仕組みとなっている。

他者の著作物を利用する方法

　他者の著作物を使用する場合，主に以下の4つの場合が考えられる。

1 個別に許可を取ったうえで，他者の著作物を使用する場合
2 パブリックドメインの著作物を使用する場合
3 ライセンスに基づいて他者の著作物を使用する場合
4 著作権法上の引用により他者の著作物を使用する場合

これらのうち，1については明らかと思われるため，特に2〜4について詳しく解説する。

パブリックドメイン

　パブリックドメインは，著作権が失効していたり，権利者が著作権を放棄していたり，あるいはそもそも著作権が発生しない作品などを指す。著作権は現在多くの国で作者の死後70年（団体名義の場合はその著作物の公表後70年）で失効するため，その後は自由に使用することができる。

　例えば，Biodiversity Heritage Library（https://www.biodiversitylibrary.org/）では，生物に関係する数多くの著作権切れの書籍を公開している。また，作者が自らパブリックドメインとして公開することを宣言した著作物もあり，たとえばGoogle画像検索ではそのような画像のみを絞り込んで検索することができる。ただし，まれにパブリックドメインではないものが誤って検索結果に含まれることがあるので，最終的には個別にライセンスを確認する必要がある。また，Google画像検索では，あらゆるパブリックドメインの画像がもれなく検索されるわけではない。そのため，上記のようなパブリックドメインの画像を集めたサイトも並行して利用するとよい。

　パブリックドメインになっている場合でも，著作者人格権は残っていると考えられる。許される使用方法の範囲には議論があると

ころではあるものの，可能な限り著作者の名前を掲載し，また改変についてもやむを得ない範囲にとどめるようにされたい。

CCライセンスなど，ライセンスに基づいた著作物の利用

他者の著作物であっても，ライセンスにしたがって利用することが認められている場合もある。ここでは，そういった例として，「いらすとや」とCCライセンスの2例を紹介する。

「いらすとや」の利用規定

個別のライセンスに基づいて他者の著作物を利用できる例として，よく知られたイラスト素材サイト「いらすとや」（`https://www.irasutoya.com/`）を見てみよう。「いらすとや」の素材は，利用規定の範囲内であれば，個人/法人，商用/非商用を問わず，自由に，出典の記載なしに使用が認められている。この利用規定では，素材の利用が認められない場合について明記されているので，「いらすとや」の素材を利用する際には，一度この利用規約を確認しておくべきである。特に注意が必要なのは，21点以上の素材を1つの作品に用いる際は，有償になるという点である。基本的には自由な使用が認められている「いらすとや」の素材であっても，利用規約を確認せずに21点以上を1つのプレゼンテーションで使ってしまうと著作権を侵害してしまうことになる。「いらすとや」に限らず，他者の著作物をなんらかのライセンスにしたがって利用する場合には，そのライセンスをしっかり確認することが大切である。

CCライセンスとは

個別の著作物に対して，権利者がどのように使用許諾を出すかは自由であるので，世の中には，微妙に異なったさまざまなライセンスの著作物が存在する。一方で，無条件で利用を認めるわけではなく，かといってバラバラなライセンスになることも避け，一定の制約のもとで利用を認める統一的ライセンスを制定する動きもある。その代表的なものが**クリエイティブ・コモンズ（CC）ライセンス**である。この項目では，CCライセンスとその使い方について解説する。

CCライセンスの種類

CCライセンスにはいくつかの種類があり，それぞれ認められる使用方法の範囲が異なる（**図1**）。

ある著作物がCCライセンスであるからといって，その著作物を無条件で利用していいわけでは決してない。利用の可否は，CCライセンスの種類と，利用のシチュエーションにより決まる。CCライセンスの著作物を使いたい場合には，その著作物のライセンスの種類をしっかりと確認することが必須である。

なお，本稿では廃止されたライセンスやほとんど見かけることのないライセンスは割愛する。

CC0

これは他のCCライセンスとは性質が異なり，著作権を完全に放棄するパブリックドメインに改めて名前をつけたものである。そのため「ライセンス」ではなく「ツール」と呼ばれることが多い。具体的な内容は本稿のパブリックドメインについての項目を参照されたい。

CC BY（Attribution 表示）

CC0以外のCCライセンスの基本形であり，最も使用方法の制約が少ないのがこのライセンスである。Creative Commons Attribution Licenseとも表記される。一定の文言（後述）を掲載することで自由に利用することができる。商用利用にも制限がない。改変も可能だが，改変した際にはその旨を表示する必要がある。

CC BY-NC（NonCommercial 非商用）

本ライセンスは基本的にCC BYライセンスと同一であるが，商用利用が禁止されている。ここで，商用利用は「商業上の利得や金銭的報酬を主な目的」とする利用を指す。民間企業かNPO法人かといった肩書きではなく，個別の目的によって判断される。

CC BY-SA（ShareAlike 継承）

本ライセンスも基本的にCC BYライセンスと同一の内容で，必要な文言を掲載をすれば自由に使用することができるが，そうして作成した著作物広く配布する際は "ShareAlike" つまり，同じくCC BY-SAライセンスを用いなければならない。そのため，実質的には商用目的で利用することはむずかしい場面が多いだろう。なお，上のNC（非商用）の制約と複合して適用されることもよくあり，その際はCC BY-NC-SAライ

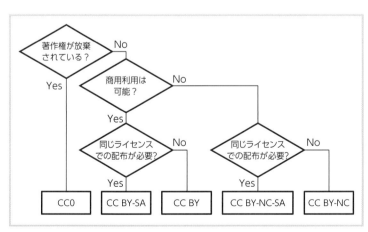

図1　CCライセンスの種類
使う機会の少ないCC BY-NDおよびCC BY-NC-NDなどは割愛した。

センスとなる。

CC BY-ND (NoDerivatives 改変禁止)

このライセンスでは，派生物の作成が禁止されている。すなわち，著作物を改変しないでそのまま複製したり再配布したりすることは可能だが，内容を変更したり，発表や原稿などに組み込むことはできない。このため，研究成果の発表で使う機会はほとんどないと思われる。CC BY-NCと複合したCC BY-NC-NDも存在する。

CCライセンスの使用方法

CCライセンス（CC0以外）の著作物を自らが作成するプレゼンテーションや文章に組み込みたい際は，一定の文言を掲載する必要がある。CCライセンスにはバージョンがあり，現在の最新版は4.0である。バージョンによって微妙に表記方法の規定が違うなど細かな注意点はあるが，以下を掲載すれば基本的には支障がない。

1 作者等，権利の帰属表記（ない場合は省略）
2 著作権表示（ない場合は省略）
3 作品タイトル
4 ライセンスの表示（たとえば「この動画はCC BY 4.0で提供されています」）
5 免責事項の表示（ない場合は省略）
6 出典URL（存在しない場合は省略）
7 改変した場合はその旨
8 ライセンスの全文へのリンク（リンクできない場合はURL。たとえばCC BY 4.0であれば https://creativecommons.org/licenses/by/4.0/

なお，最新版の4.0のCCライセンスであれば，3は省略可能である。これらの規定さえ守れば，基本的には世界中でだれがどこで発表した著作物でも個別の利用条件のばらつきなく使用することができる。これは，CCライセンスに「これ以外の制約を課してはならない」と規定されているためである。

本コラムでは詳しく扱わないが，CCライセンスに関して，実務的に難しい場面が生じる場合があることには注意が必要である。たとえば，CCライセンスに基づいて他者の著作物を利用して執筆した論文について，投稿先に著作権を完全に譲渡することを求められた場合，CCライセンスに基づき用いられた部分については，個別での調整が必要になる。

なお，NC（非商用）やSA（継承）などの制約が課されているために，その著作物を利用することができない場合には，CCライセンスに依拠して利用するのは断念し，個別に許可をとるか，あるいは後述する引用の範囲で用いる必要がある。

CC BYの具体例：統合TVの使い方

生命科学分野の研究発表に使える素材がCC BYライセンスの下に多数提供されているポータルサイトとして，統合TV（https://togotv.dbcls.jp/）がある。統合TVでは，生命科学に関するさまざまなイラストのほか，講演・講義動画，講習資料など多様なコンテンツが公開されている。これらはすべてCC BY 4.0でライセンスされているので，必要な表記さえ行えば，商用／非商用を問わず，改変も含めて自由に使うことが可能である。

統合TVのコンテンツのうち，Togo picture gallery（https://togotv.dbcls.jp/pics.html）では，モデル生物，ウイルス，シークエンサー，古生物など，生命科学に関係するさまざまなイラストが公開されており，プレゼンテーションや執筆の際に特に便利である。

ここで，CC BYに基づいて他者の著作物を利用する手順の一例として，Togo picture galleryの「DNA 二重らせん A」（https://doi.org/10.7875/togopic.2018.22）を使う場合について具体的に解説する。まず最初にすべきことは，この素材のライセンスを確認することである。統合TVの場合，ライセンスはFAQ（https://togotv.dbcls.jp/faq.html）に明記されており，この画像素材は，統合TVの他のコンテンツと同じく，CC BY 4.0でライセンスされていることがわかる。CC BY-NCではないので，この素材は商用でも問題なく利用できる。また，CC BY-SAではないので，この素材をもとに作ったコンテンツであっても，CCライセンスにしたがってライセンスする必要はない。ユーザーは，CC-BYにしたがって，必要であれば自由に改変した上で商用利用することが可能である。

CC BYは自由度の高いライセンスであるが，一方で利用する際には一定の文言を掲載する必要があることを忘れてはならない。例えば，この「DNA 二重らせん A」のイラストの色を塗り替えて利用したい場合を考えてみよう。先述のように，このイラストはCC BY 4.0でライセンスされており，「CCライセンスの使用方法」で示した8つの事項のうち，必要なものを掲示すればよい。表記の方法には自由度があるが，たとえば以下のような掲示を行えば十分である。

©DBCLS TogoTV https://doi.org/10.7875/togopic.2018.22
CC BY 4.0 https://creativecommons.org/licenses/by/4.0/
改変して使用

統合TVのコンテンツに限らず，CCライセンスで提供される著作物を利用する際は，CCライセンスの種類と，その種類のライセンスで認められたシチュエーションでの利用であるかを確認したうえで，上記のように必要な文言を掲載しなければならない。

著作権法上の引用

他者からの直接の許可がなく，またはライセンスにより認められている範囲を逸脱していても，日本では著作権法第32条に定められる引用の範囲であれば，他者の著作物の利用が認められる。

著作権法第32条第1項では，「公表された著作物は，引用して

利用することができる。この場合において，その引用は，公正な慣行に合致するものであり，かつ，報道，批評，研究その他の引用の目的上正当な範囲内で行なわれるものでなければならない」とされている。著作権法では，どこまでが引用の範囲として認められるかについては抽象的な規定にとどまっているが，文化庁が公開している「著作権テキスト」（令和5年度版，https://www.bunka.go.jp/seisaku/chosakuken/seidokaisetsu/pdf/93908401_01.pdf）では，引用の条件について以下のように説明されている。

【条件】
1 すでに公表されている著作物であること。
2 「公正な慣行」に合致すること（例えば，引用を行う「必然性」があることや，言語の著作物についてはカギ括弧などにより「引用部分」が明確になっていること）。
3 報道，批評，研究などの引用の目的上「正当な範囲内」であること（例えば，引用部分とそれ以外の部分の「主従関係」が明確であることや，引用される分量が必要最小限度の範囲内であること，本文が引用文より高い存在価値を持つこと）。
4 「出所の明示」が必要（複製以外はその慣行があるとき）。
※美術作品や写真，俳句のような短い文芸作品などの場合，その全部を引用して利用することも考えられます。
※自己の著作物に登場する必然性のない他人の著作物の利用や，美術の著作物を実質的に鑑賞するために利用する場合は引用には当たりません。
※翻訳も可

著作権法上の引用を行う際には，トラブルを避けるために，上記の条件が満たされていることをしっかり確認するとよいだろう。

その他のケース

授業における使用

著作権法第35条の規定により，学校などで「教育を担任する者」および「授業を受ける者」は一定の条件の範囲内で著作物を許諾なく複製することが認められている。オンライン授業に対応する法改正も2020年に実施された。文化庁の解説によれば，対象には講義だけではなくゼミ，演習なども含む（https://www.bunka.go.jp/seisaku/chosakuken/pdf/92223601_11.pdf）。なお，学外での発表などは明らかにこの規定の対象ではないため，授業と同じ資料を学外でそのまま使い回すことはできないことに注意する必要がある。

機械学習のための使用

昨今ホットなトピックである機械学習に関連して，日本の著作権法は著作物を機械学習の学習データとして利用することを認めている。とはいえ，「著作権者の利益を不当に害することとなる場合」を例外としていることや，著作権以外の，たとえばサービス利用規約との兼ね合いなどまだまだ不透明な点が多く，急速に状況が変化しているため，本稿では踏み込まないこととする。

自身の研究成果を使う場合の注意事項

自分が行った研究の成果であっても，その成果を論文として出版した後に対外発表に用いる場合は，注意が必要である。

多くの場合，論文の出版の際には著作権の譲渡が行われる。このような場合には，著作権譲渡契約書（CTA）に，著作権を譲渡した後に著者に認められる著作物の利用範囲について定められている。論文出版後に，自身の論文の一部を利用したい場合には，CTAを確認するとよい。なお，データそのものは著作物ではないので，論文で使ったデータのみを利用する場合はCTAによる制約は受けない。

また，自分の論文をCCライセンスなどのライセンスに従って，オープンアクセスで公開した場合であれば，自分の論文の一部をこうしたライセンスに従って使うという方法もある。

いずれにしろ，自身が論文の出版を行う際には，出版後に論文をどのような条件で使えるのかという点について，ライセンスをしっかり確認するべきである。

おわりに

本コラムでは，研究者が対外発表を行う際に必要になる著作権についての知識を解説した。これまで，研究者に必要な著作権に関する知識を実用的にまとめた日本語の文献は少なく，対外発表の際に何を参考にすればよいのか難しいところがあった。実際に，研究者の対外発表においても，学術界で伝統的に正しいとされる著作物の扱い方に則ってはいるものの，法律的には不十分である，というケースを見かけることは多い。Zoomなどを用いてオンラインで広く発表することや，YouTubeにおいてセミナー動画を公開することが増えている昨今，トラブル防止のために，研究者が著作権について一定の理解を持つことは重要である。

本コラムが，研究者の方々が外部に向けて情報を発信する際の指針として機能し，著作物が正しく有効に活用されることに役立つと幸いである。

参考文献

1）著作権法 第3版，中山信弘，有斐閣，2020
2）著作権判例百選 第6版，小泉直樹・田村善之・駒田泰土・上野達弘編，有斐閣，2019

謝辞

本稿の執筆にあたっては渡辺智暁博士（国際大学GLOCOM/コモンスフィア理事長）に貴重なアドバイスをいただいた。この場を借りて感謝を申し上げる。なお，文責はすべて著者にある。

Part

3

生命科学研究に使われる
デジタルツールを知り,
その使い方を学ぶ

統合TVを使って研究現場でよく使われるデジタルツールを知る, 学ぶ, 使う

▶ ▶ ▶ 小野浩雅　　プラチナバイオ株式会社 事業推進部／広島大学 ゲノム編集イノベーションセンター

統合TV（TogoTV）は，ライフサイエンス統合データベースセンター（Database Center for Life Science：DBCLS）が運営するポータルサイトだ。生命科学分野で役立つデータベースやデジタルツールなどに関する**動画マニュアル**，**講演・講習動画**が2,172本も紹介されている（2024年4月現在）。DBCLSが独自に作成した高品質の教育コンテンツであり，無料で，誰でも自由に閲覧できる。

特に動画マニュアルは，学部4年生から修士課程の学生をおもな視聴対象として作成されている。初めてそのツールを使う人にも非常にわかりやすく，ウェブサイトへのアクセスから操作方法，結果の解釈や見方まで一連の流れを学べるのでとても便利だ。PubMedやBLAST，ImageJといった生命科学研究の現場でよく使われるツールはもちろん，Googleサービスや PowerPointなどの研究を効率化するツールも紹介されている。

またTogoTVのポータルサイトには，1,889点のイラストが掲載されている**Togo picture gallery**へのリンクもある。生命科学分野に関連したこれらのイラストは，DBCLSが独自に作成したもので，無料で，自由に閲覧・利用できる（ダウンロードして利用する場合, 出典の記載が必要である）。

統合TVでできること

- 生命科学分野における有用なデータベースやツールの使い方を動画で学べる。
- 文献検索からバイオインフォマティクス解析まで, 幅広く学習できる。
- 体系的に整理された動画集を視聴すれば, 特定のスキルを習得可能。
- 講義や講習の資料としても利用でき, 教育や指導, 自習をサポート。
- 生命科学分野のイラストも多数掲載。誰でも自由に使える。
- 研究発表のスライドやポスター, 講義資料, プレスリリースなどで利用可能。

統合TVの動画マニュアルで学ぶ

https://togotv.dbcls.jp

左は**統合TV**のトップページ。動画は, トップページからだけでなく, 個別の動画ページを直接ウェブ検索して見ることができる。

TOGO TV
統合TV
https://togotv.dbcls.jp/

（1）動画を探す

キーワード検索する

トップページや個別の動画ページでは，キーワード検索（**1**，**2**）が可能だ。

具体的なデータベースやデジタルツールの名前，関連するキーワードを思い出せる場合は，それを入力して検索することができる。動画の種類や公開時期，分類を示すタグなどを利用して，検索結果を効率的に絞りこむこともできる。

スキル別コースから一連の動画を探す

「スキル別コースから探す」（**3**，**4**）では，目的や到達目標ごとに複数の動画がまとめられている。そこから定番のデジタルツールの動画を見つけて（**5**）使用方法を学ぶことで，特定のスキルを身につけることができる。

新着動画通知，視聴ランキングも便利

最新のアップデート情報やほかの視聴者がよく視聴している動画を知るために，新着動画通知や視聴ランキングを活用することもできる（「動画を探す」（**6**）から「新着動画」，「視聴ランキング」をクリックすると開く（**7**））。

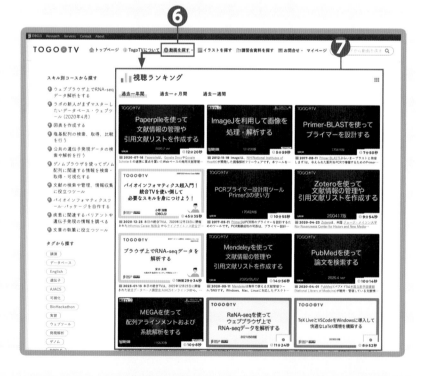

■ MEMO

個別の動画ページでもキーワード検索できる

検索エンジンを通じて個別の動画ページに直接アクセスするケースも多いため，トップページだけでなく個別ページでもキーワード検索を利用することができるようになっている。

（2）動画ページを開く

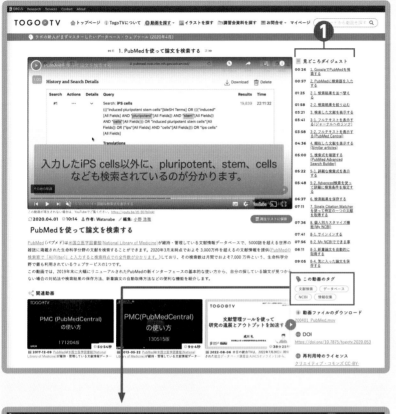

視聴を助ける便利な機能がいっぱい

個別の動画ページでは，動画の概要や見どころのダイジェスト，タグや，動画のダウンロードリンク，DOI，関連動画などが表示される。統合TVのすべての動画は，動画共有サイトYouTubeでも公開されており，視聴環境に合わせて再生速度や画質，字幕の表示などを自由に設定できる。

見どころダイジェスト

「見どころダイジェスト」（①）では，動画のハイライト部分が示されており，内容を把握したり，特定の箇所にすぐに移動したりできる。

タグから関連動画を探せる

各動画には，大まかな分類を示すタグが付けられており（②），それをクリックすると関連する動画の一覧が表示される（③）。付けられたタグの一致度に基づいて関連動画が提案されるため，類似したほかのデジタルツールを探す際に役立つ。

用語解説

DOI

多くの学術論文には，恒久的なアクセスを保証するためにDOI（digital object identifier）が付与されており，引用する際にはこれらを明記することが一般的だ。

統合TVで公開されているすべてのコンテンツにもDOIが付与されているため，これらに言及したり引用したりする際には，DOIを恒久的なURLとして示すことができる。

統合TVの動画マニュアルにつけられたDOIは，個別の動画ページの右サイドバー下部に記載されている。

Tips XとYouTubeで新着動画通知を受け取ろう

X（旧Twitter）（https://twitter.com/togotv）やYouTubeチャンネル（https://youtube.com/togotv/）の登録をすると，統合TVウェブサイトを都度チェックせずに，動画の新着情報を受け取ることができる。いずれも設定次第で，通知をスマートフォンアプリやメールなどで受け取ることができる。

（3）講演・講習動画で臨場感をもって学べる

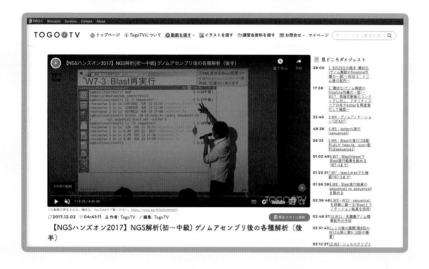

【NGSハンズオン2017】NGS解析（初〜中級）ゲノムアセンブリ後の各種解析（後半）

「バイオインフォマティクス超入門！ 統合TVを使い倒して必要なスキルを身につけよう！」
https://doi.org/10.7875/togotv.2020.096

講演・講習動画も多数

動画マニュアル以外にも，各種講演や学会シンポジウム，ワークショップ，ハンズオン講習会なども積極的に録画し，公開されている。これらの講演・講習動画では，開発者や研究者が背景や基礎知識を交えながら，基本的な使い方から高度な組み合わせ方法までをわかりやすく紹介している。

バイオインフォマティクスの講習会をほぼノーカットで収録

講演・講習動画のなかでも，バイオインフォマティクスのプログラミング技術を学ぶための**ハンズオン講習会**の動画は，実際の操作と結果の表示過程をほぼノーカットで収録している（数時間に及ぶ動画もある）。これにより，プログラミング技術を習得するための試行錯誤を，臨場感を持って繰り返し追体験することができる。

Togo picture galleryでイラストを探す

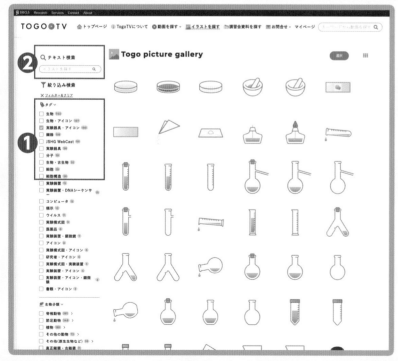

https://togotv.dbcls.jp/pics.html

イラストは自由に無料で使える

統合TVのTogo picture galleryでは，生命科学分野に関連する独自のイラストを誰でも自由に閲覧・利用できるように無料で公開している。本稿執筆時点，1,889点のイラストが掲載されており，各イラストは新着順に表示されている。

イラストを絞りこむ

イラストは「臓器」や「実験器具」などのタグで分類されている。画面左側のタグを選択したり（❶），テキスト検索（❷）したりすると該当するイラストが絞りこまれる。

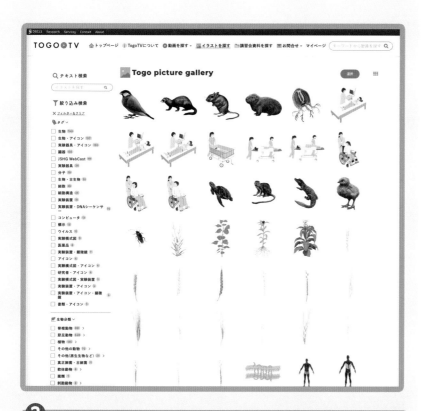

❸ ⚠ 出典元、クレジットを必ず明記してください。

統合TVのコンテンツは、クリエイティブコモンズ・ライセンス(CC)表示 4.0(CC-BY-4.0) のもとでライセンスされています。各コンテンツの著作権は「DBCLS TogoTV」が保持しますが、サイエンスコミュニティの共有物として、「適切なクレジット（出典）を表示し、ライセンスへのリンクを提供し（web上であればハイパーリンクでも可）、変更があったらその旨を示すこと」を条件に、転載・改変・再利用(営利目的での二次利用も含め)を許可なく自由に行えます。（例: "The image of XX is from TogoTV (© 2016 DBCLS TogoTV, CC-BY-4.0 https://creativecommons.org/licenses/by/4.0/deed.ja) イラストのご利用箇所については、論文の図表や発表スライド、ポスター、プレスリリース、販促資料など内容を問いません。クレジットの記載箇所については、デザインの体裁を損なわない箇所・表現で構いません。論文等（引用例）では、Acknowledgementや図のlegend 等にご記載いただいています。

統合TVおよびTogoPictureGalleryをはじめとするDBCLSの活動は、どのくらい活用されたか

(All) (png) (svg)

出典を記載する必要がある

公開されているイラストには，クリエイティブ・コモンズ・ライセンス（CCライセンス）が付与されており，出典の記載が利用時の条件となっている。イラストをダウンロードする前に，ライセンス（❸）の説明画面が表示される出典を記載すれば論文の図表，発表スライド，ポスター，プレスリリース，販促資料など，内容に関わらず自由に利用することができる。

用 語 解 説

クリエイティブ・コモンズ・ライセンス（CCライセンス）

クリエイティブ・コモンズ(Creative Commons：CC) は，CCライセンスを提供している国際的な非営利組織およびそのプロジェクトの総称だ（https://creativecommons.jp/licenses/）。CCライセンスは、インターネット時代の新しい著作権ルールであり、世界中で広く使用されているライセンスだ。著作物の共有において知的所有権法や著作権法が障害となる場合があるが、CCライセンスはこれらの問題を解決し、情報の広範な利用を可能にするために設けられている。著作者と利用者の両方にメリットがある。 詳細は、COLUMN 4「研究者が知っておくべき著作権」（80ページ）の「クリエイティブ・コモンズ・ライセンス（著作物の適正な利用）」を参照のこと。

■ MEMO

欲しい動画やイラストが統合TVにないときはリクエスト

統合TVでは多くのイラストや，デジタルツールの動画マニュアルが提供されているが，まだ掲載されていないものもたくさんある。また，動画の内容が古くなっており，アップデートが必要な場合もある。そのような場合には，各ページ右上の「問い合わせ」内にある「番組リクエスト」というフォームを通じてフィードバックを送ることができる。

❹

File:202304 Chick.svg

https://commons.wikimedia.org/

Wikimedia Commonsにもイラストの バックアップあり

Togo picture galleryのイラストはPNG, SVG, AIのファイル形式で提供されている。また, SVG形式のファイルはWikimedia Commons (❹) にも同時にアップロードされており, 統合TVウェブサイトにアクセスできない場合でもバックアップとして利用できる。

代表的なイラストの作成方法については, COLUMN 6「Illustratorでイラストを作る」(95ページ) を参照されたい。

■ MEMO

PNG形式, SVG形式, AI形式の違いは?

PNG形式はコピー&ペーストなどで手軽に使用することができる。SVG形式は拡大縮小しても画質が劣化しない特徴がある。AI形式はAdobe Illustratorで編集可能であり, イラストの改変が容易だ。

用語解説

Wikimedia Commonsとは?

Wikimedia Commonsは, Wikipediaを運営するWikimedia財団によるプロジェクトであり, 誰でも参加できるデータベースだ。自由に使用できる画像, 音声, 動画などのメディアファイルが分野を問わず集積されており, その数は9,300万件を超える。

類似ツールとの使い分け

JoVE

JoVE (Journal of Visualized Experiments, `https://www.jove.com/`) は, 2006年に創刊された, 生命医科学分野の実験方法や手技を収録したオンラインビデオジャーナルだ。本稿執筆時点で, 17,000本を超える実験プロトコル動画が公開されている。JoVEは, 研究者や学生にとって貴重なリソースとなっており, 実験手順や技術の理解を深めるために広く利用されている。

BioRender

BioRender (`https://biorender.com/`) は, ウェブブラウザ上で生命科学分野の模式図などに使用するイラストを描画することができるアプリケーションだ。豊富なイラストテンプレートやアイコンが用意されており, 高品質なイラストや模式図を作成することができる。無料版では一部の機能が制限されているため, 有料のアプリケーションとして利用するのが一般的だ。ただし, 大学や教育機関のメールアドレスで登録すると学生割引価格が適用される場合や, 研究室や大学・研究所単位での利用が可能な場合もある。

TOGO▶TV
「BioRenderを使って生命科学研究の模式図を作成する」
https://doi.org/10.7875/togotv.2019.092

bioicons

bioicons (`https://bioicons.com/`) は, 科学イラストのためのアイコン集であり, 2,300点以上のさまざまなアイコンが提供されている。利用条件が明記されており, CCライセンスなどが適用されている。GitHub上でオープンソースアプリケーションとして開発・運営されており, 利用者自身がSVG形式のアイコンを投稿することもできる。Togo picture galleryのイラストも一部投稿されている。

Servier Medical Art

Servier Medical Art (`https://smart.servier.com/`) は, 解剖学や人体, 細胞生物学, 医学の専門分野などに関連する医療用イラストを中心に, 3,000点以上のイラストをCCライセンスのもとで提供している。また, それらのイラストをPowerPoint用のスライドテンプレートセットとしても配布している。

COLUMN 5 統合TV動画作成の舞台裏へようこそ

丹羽 諒 京都大学大学院 医学研究科／京都大学iPS細胞研究所Woltjen研究室

統合TV（TogoTV）動画作成者の一人である筆者が，ふだん表に出ることのない舞台裏を紹介する。私たちがどのように動画作成を行っているか，動画を通して何を伝えたいのか，作成者としてどのような狙いを持っているのかを解説する。

統合TVのメインターゲットは
学部4年から修士のラボ初心者

統合TVの動画マニュアルは，学部4年生から修士学生までを対象に，多数のバイオデータベースやツールを効率的に学べるよう設計されている。そのポリシーは，「自分で実践してみる」ことが知識習得の最善の方法である，という考え方に基づいている。統合TVのマニュアルは，動画の形式で配信されているが，これは視聴者が動画を通して作業を再現し，知識を身につけるという意味合いを持っている。このため，各動画は視認性が特に重視されており，平易な言葉と表現，アニメーションが用いられている。また，文字の大きさやフォントの選択などの細かい部分も規格化されていて，視聴者が見やすい動画を作成するという工夫がなされている。書籍などの情報媒体は情報を得るうえで非常に便利だが，初心者にとっては各操作の「行間」がわからなくなることも多い。それに比べて統合TVの良さは，「一緒にやってみる」くらいの感覚で勉強できる無償教材であることだと筆者は考える。

一般的に動画の理想的な長さは3〜7分とされており，統合TVの動画は基本的に10分以内に収められている。これはYouTube世代であるメイン視聴者層の視聴習慣を踏まえたものだ。長めの動画の場合には，見出しや目次などの工夫を行うことで，視聴者が継続的に視聴できるよう配慮している。

細かい動画作成ルールについては，動画作成者に共有される「動画編集プロトコル」に記載されている（**図1**）。動画編集プロトコルは，動画編集の基本方針やルール，これまでにあったFAQなどをGoogleドキュメントとしてまとめたものである。動画作成者全員にドキュメントの編集権限が与えられていて，「もしこの書類を見てわからないことがあったら，その都度，自分が（そして他人が）わかるように書き換える，書き足す」をモットーに引き継がれている。

学会とのコラボで正確な最新情報を届ける

統合TVでは，学会とコラボレーションすることで，便利なツールの情報を普及させる活動も行っている。

例えば，**ゲノム編集学会**のメールマガジン第18号では，ゲノム編集に関連する計5本の統合TV動画マニュアルが紹介されてい

る（`jsgedit.jp/mail_magazine18`）。これらの動画では，ゲノム編集技術の基本的な理解を深めるとともに，応用方法や実験手順を詳細に説明しており，ゲノム編集の専門家でない新規の学会参加者も最新のツールや技術について学習できるようになっている。学会を通じて統合TVが活用されることで，日本のコミュニティに便利な情報を迅速に伝えられることには大きな価値を感じる。

同様に2021年10月からは，**日本人類遺伝学会**のホームページで配信されるJSHG-WebCast（臨床・研究に役立つ人類遺伝学の学習コンテンツ集）のWebToolsにて，統合TVの動画コンテンツが特集され，ヒトゲノム研究や診療に役立つツールの使い方が紹介されている（**図2**）。日本人類遺伝学会に掲載されている動画は，学会の推薦を受けた専門家チームがレビューを行い，修正された上で公開されており，初学者だけでなく，中級・上級レベルの方の復習にも利用してもらえる動画になっている。

日本人類遺伝学会で特集されているコンテンツの統合TV動画は，学会からのリクエストが発端となって作成されたものだ。リクエストについては，統合TVウェブサイトから誰でも行うことができる。動画を通じて専門情報の発信に利用できると考えられ，便利ではないだろうか。

また，統合TVの優れた点として，クリエイティブコモンズ・ライセンス（CC）表示4.0（CC-BY-4.0）で動画・画像が公開されていることだ。講義，論文の図表や発表スライドに至るまで，適切なライセンスクレジットさえ表記すれば，許可なく自由に再利用が可能である。したがって，教育を享受する立場の人だけでなく，教育を

統合TV作成プロトコル(Windows・Mac版)

目次 ※クリックすると，各項目にジャンプします。

1. 統合TVによる統合TVの作り方解説
2. 動画編集に使用するソフトウェア
3. 作業用フォルダ「togotv_master」について
4. 進捗管理サイト「統合牧場司令部」について
5. 統合TVの編集方針
6. 動画制作と編集ノウハウ
7. Camtasia for Mac 用 編集での共通ルール（Windowsの項目から抜き出し，改変）
8. Camtasia for Mac 用 編集ノウハウ
9. Camtasia for Mac 用 動画の出力方法

図1　受け継がれる動画作成プロトコル

図2　日本人類遺伝学会の JSHG-WebCast で公開されている動画
https://jshg.jp/webcast_category/webtools/

提供する立場の人にとっても便利なコンテンツとなる。実際，筆者は技術開発を中心とした共同研究を行うことが多いが，自分の作成した動画を含め，統合TVのコンテンツのリンクを送るだけで，詳しい説明を省けることもあり実にありがたい。なお，クリエイティブコモンズを含む著作物の利用については，本書のコラム4「研究者が知っておくべき著作権」（80ページ）を参照されたい。

「非専門家」が勉強して作っている動画マニュアル

統合TVには，学部生や大学院生を中心としたスタッフがアルバイトとして動画の制作を担当しているという特徴がある。スタッフは撮影から編集まで一連のプロセスを経験することで，自身の学習にもつなげている。このため，動画制作に先立ち，具体的なツールについての調査を行う。これには，関連する論文やヘルプページの参照，ツールが広く使われている場合はその使用例を調査するなどが含まれる。たとえば，ツールの開発に関する論文や，ウェブツールの場合はそのツールを実際に使用した論文を検索し，それを通じて具体的なイメージを形成する。

このような調査過程は，スタッフの知識を深め，ツールに対する理解を向上させる。「まったく知らなかったツールでも，統合TVの制作のために勉強すると，自分が日本一詳しいと思えるくらいになる」と述べるスタッフもいるほどだ。非専門家が勉強しながら作成しているので，「理解しにくいポイント」がどこかをスタッフ自身が知っているという大きなメリットがある。この工夫により，この理解しにくいポイントを網羅できるように動画のストーリーを練り上げることができ，分かりやすい動画作成につながっている。ただし，統合TVの動画はすべてレビューを通過して公開しているので，内容の確からしさについては安心して視聴してほしい。

動画マニュアルのストーリーをどのように考えるか

さて，ここからはいよいよ統合TV動画マニュアルの舞台裏，つまりどのように動画のストーリーが作られているのかを説明していく。具体的には，日本人類遺伝学会のコンテンツとして公開されている「ClinVar を使って疾患に関連するバリアントを検索する」（図3）を参考に解説を行う。ClinVar（https://www.ncbi.nlm.nih.gov/clinvar/）はヒトゲノムの多様性と関連する疾患についての情報を収集し，自由に利用できるアーカイブである。

先ほど述べたように，統合TVでは一人のスタッフが1つの動画の撮影から編集までの一連のプロセスを担当する。そこで，まずは調査を行い，テキストとしてまとめる。著者の動画作成ポリシーとしては，「分かりやすい動画を作成する」，「その上で，ツールやデータベースの作成者・運営者が推しているポイントも拾う」，「日本語リソースとして十分な情報を含める」という3点を挙げたい。統合TVを見ただけで，ある程度解析や研究の再現ができることが動画として一番重要なことであるので，最初から最後までしっかり再現できることに重点を置いて撮影することは欠かせない。さらに，統合TVは第三者が作る客観的な情報リソースであるため，解説するツールの利用を促進するような内容である必要もある。そこで，ツールやデータベースの作成者・運営者が何を実現するために，何をするために開発を行ったのかをよく考えて情報発信する必要がある。また，統合TVが扱う内容には日本語情報がほとんど存在しない場合があるので，「唯一で，最高の」情報媒体を目指して動画作成に取り組む姿勢が重要だと自負している。

さて，ClinVar の動画をどのように作成したかを，過程を追って説明していく。まず，統合TVの動画作成には2種類の仕事が存在する。一つは新規動画作成，すなわち統合TVにはまだない動画を作成する業務，もう一つはアップデート，すなわち過去に統合TV動画マニュアルがあるが内容が古いため，動画を更新する業務である。ClinVar の場合はアップデートにあたる仕事であったため，

図3　「ClinVar を使って疾患に関連するバリアントを検索する」の動画　https://togotv.dbcls.jp/20210405.html

図4　統合TVの動画作成
中のCamtasiaの画面

過去の動画(togotv.dbcls.jp/20180122.html)を参照しなが
らストーリーを組み立てた。ClinVarは近年大幅にアップデートさ
れたアーカイブであるため，最新情報を含めるために，公式ペー
ジが出しているマニュアルや論文を参照した。たとえば，NCBIの
サイトにあるClinVarに関するイントロダクションを行うページの
What is ClinVar?（ https://pubmed.ncbi.nlm.nih.
gov/31777943/ ） や， 論文（ https://www.ncbi.nlm.nih.
gov/clinvar/intro/, https://pubmed.ncbi.nlm.nih.
gov/30311387/ ）を参照し，ツールの魅力について検討した。
　ClinVarの一番の魅力は遺伝型と表現型の関係性についての
情報を自由に記述し共有できることであると筆者は理解している。
ClinVarでは，　患者サンプルで見つかった**HGVS**（Human
Genome Variation Society）表記のバリアント，それらの臨床的
な意義に関する主張，提出者に関する情報，その他の支援データ
などの報告がまとめられた形で閲覧できるためである。そして，バ
リアントに関する論文の情報はまとめられ，オープンな情報共有
が行われる。つまり，ClinVarにはアーカイブとしての機能性だけ
でなく，レビュー機能，ツールとしての機能性まで備わっている。
そこで，これらの魅力を十分に伝えるために，検索およびフィルタ
リングを行う工程を含むことで，ClinVarにどのような情報が含ま
れているのかを解説することにした。　特にフィルタリングは
ClinVarを利用する上で欠かせない知識であるが，ざっくりフィル
ターをかけるだけであれば知識は特に不要である。ただ，臨床的
意義の詳しい意味やレビューに応じた星の数などの意味を知るこ

とで，より早く知りたいエントリにたどりつけるため，それぞれ解
説することにした。
　ここまでストーリーができたら，まずは手を動かして，具体的に
どのボタンを押すか，どの機能を使うかを検討する。数回繰り返
す中で，必要な要素をメモし，テキストに起こしていく。筆者の場
合は，構成案とテロップの文字を同時に(もしくは一緒に)作成する。
テロップが出来上がると全体のストーリーが見えてくるので，統
合TV編集部とコミュニケーションが取りやすくなる。その後，統
合TV編集部と相談し，内容が十分であるかどうか検討する。

動画編集はどのように行われているか？
　統合TVでは米国TechSmith社が提供している画面キャプチャ
と録画/編集ソフトウェア**Camtasia**（カムタジア）を利用している。
Camtasiaは非常にシンプルなユーザーインターフェースで，直
感的な操作で録画からテロップの追加まで行うことができる(**図4**)。
Camtasiaの具体的な使い方については動画マニュアル（https:
//togotv.dbcls.jp/20200129.html ）として公開されている
ので，そちらを参照されたい。図1で示したように，統合TVには
先人より受け継がれている動画作成規格があるので，動画編集に
ついてはマニュアル通りに行い，編集部に納品，レビューが開始さ
れるという流れになる。

「専門家」のレビューを経て公開
　統合TV動画マニュアルでは，専門家によるレビューが行われる。

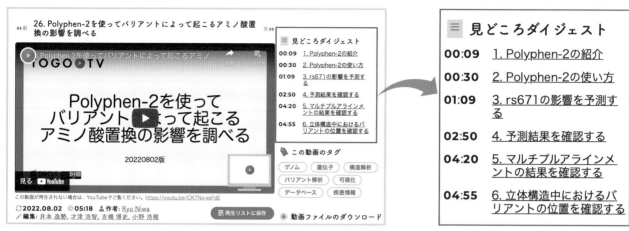

図5　便利な見どころダイジェスト
https://togotv.dbcls.jp/20220802.html

このレビューでは，内容が正しいかどうかに合わせて，専門用語のチェックが厳しく行われる。統合TVのメインターゲット層は初学者であることから，用語については特に気をつけなければいけない。そこで，日本人類遺伝学会とのコラボレーションやその他専門性が高い動画については，統合TV編集部だけでなく，外部の専門家が動画をレビューする。コンテンツについてはあらかじめ編集部と事前に相談するので指摘されることは多くないが，論文の改訂作業と同様に，直し切るまでレビューラウンドは続く。各動画のレビュワーについては統合TVのウェブサイトから確認できる。動画が無事受理されると，「見どころダイジェスト（Highlights）」（**図5**）を作成し，納品完了となる。「見どころダイジェスト」は，特にすでに知識を持っている人が確認のために統合TVを利用するうえで便利な機能である。知りたいところだけをサクッと動画で確認して学習に利用することができる。

動画作成者としての思い

　筆者は，統合TVは初学者向けの最先端知識の日本語リソースを増やすうえで，非常に重要なプラットフォームであると考えている。特に初学者にとっては，「何を勉強すればよいのかわからない」という状態が時折あると思うが，統合TVではスキル別のコースワークが用意されているし，**統合データベース講習会（AJACS）**の講義動画なども収録されている。

　1本1本の動画を作るのは非常に時間がかかり，大変であることは間違いないが，X（旧Twitter）やブログなどで自分の作成した動画が「参考になった，わかりやすかった」というような賞賛を受けているととてもうれしい気持ちになる。また，学生という立場であると研究者コミュニティに貢献することはなかなか難しいことだが，統合TVを通して，微力であっても貢献できているという実感が得られることも，動画作成者を続ける目的となっている。

　昨今では，JoVE（Journal of Visualized Expeiments）のようなジャーナルまで登場し，知識の正確な伝達が重要視される時代となってきている。10年以上の歴史を持つ統合TVは，ツールの使い方などに関して，動画を通して研究を支えてきた。本コラムを通して，統合TVの舞台裏を紹介したが，私たちが作るコンテンツは再生されてこそ意味があると考えている。スマートフォン・パソコンで，ぜひ一度統合TVを体験してみてほしい。

COLUMN 6

Illustratorでイラストを作る

豊岡絵理子 *イラストレーター*

このコラムでは，Illustratorの基本的な機能を学び，イラストを描くための実際の手順を紹介する。具体的には，統合TVのTogo picture galleryのイラストを見本にその作り方を紹介する。なお，ここで紹介するIllustratorのバージョンはAdobe Illustrator 2023である。

Adobe Illustratorについて

道具について

より速く，複雑なイラストを描きたい場合は，ペンタブレット（ペンタブ）を購入することをおすすめする。ペンタブには，液晶ペンタブレット（液タブ）と板型ペンタブレット（板タブ）があるが，価格のリーズナブルな板タブでも十分だ。ペンタブを使うとペンで書くように曲線を描いたり，線幅やアンカーポイントの微調整が容易になるので，購入を検討してみよう〔アンカーポイントとは図形を構成する点で，アンカーポイントを動かすことで線（パス）を操作することができるようになる〕。

また，iPadを持っている方はIllustrator iPad版を触ってみよう。Apple Pencilを使って細かい描画が可能である。ただしデスクトップ版と比べて機能が少ないので，iPad版とデスクトップ版を併用するのがおすすめだ。

Illustratorの基本を学ぶ講座について

Illustratorの基本操作は，学習動画サイト「Udemy」の

Illustrator講座が体系立てられていておすすめだ。一度コースを購入すると学習期間の制限はなく，倍速視聴や，重要箇所にチェックをつけておくことが可能となる。定期的なセールを見計らって購入するとリーズナブルだ。

おすすめは「Illustratorを基礎からプロレベルまで 完全ですべてをゼロから学べる総合コース」である。購入前に無料サンプルビデオが見られるので，ぜひ参考に。

また，Adobe Creative Cloudメンバーの人は，無料の公式講座「Illustratorことはじめオンライン講座」が受講できる。豊富なアーカイブ動画から目的別に動画を選び，繰り返し学ぶことができる。

Illustratorを始めよう

新規ドキュメントを作成する

では実際にIllustratorを起動し，ドキュメントを保存してみよう。

Illustratorを起動すると，ホーム画面が表示される。ここでは，新規ドキュメントを作成したり，既存ファイルを開いたりできる。画面左側（**図1左**）の「新規ファイル」ボタンをクリックすると，新しい画面が表示される（**図1右**）。その画面の右側にある「プリセットの詳細」欄で，新規ドキュメントの大きさやカラーを設定しよう。Togo picture galleryのイラストの設定は，大きさが400px×400px，カラーはRGB，アートボードの数は1である。

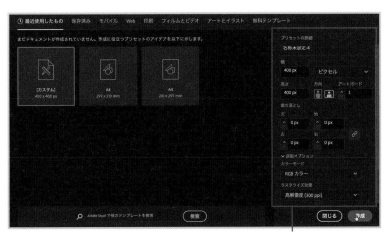

図1　　　　　　　　　　　　　　　　　　　　　　　　プリセットの詳細

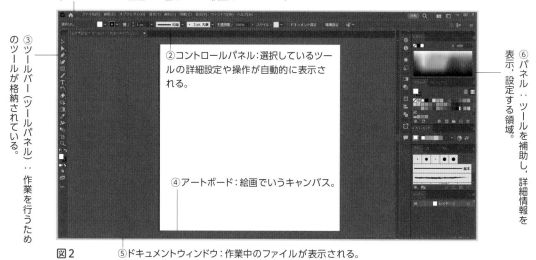

①メニューバー：画面上一番上にある横並びのメニュー。

②コントロールパネル：選択しているツールの詳細設定や操作が自動的に表示される。

③ツールバー（ツールパネル）：作業を行うためのツールが格納されている。

④アートボード：絵画でいうキャンバス。

⑤ドキュメントウィンドウ：作業中のファイルが表示される。

⑥パネル：ツールを補助し，詳細情報を表示・設定する領域。

図2

ドキュメントを保存する

ドキュメントを開くと，**図2**のような画面構成になっている。画面右側に見えている「カラー」「レイヤー」などのパネルは，それぞれの位置が移動可能で，自分の好みの配置に変更することができる。

メニューバーの「ウィンドウ」メニューで「ワークスペース」→「ペイント」にチェックを入れた後，さらに「ペイントをリセット」を選択する。

次に「表示」メニューで「スマートガイド」にチェックを入れる。これで作業環境が整った。

いったんこのドキュメントをファイルとして保存しよう。「ファイル」メニューで「保存」を選択する。保存場所を決めて，ファイル名を「test」，ファイル形式は「Adobe Illustrator」として保存する。次の画面でもOKを押す。これで，ドキュメントが保存された。

見本絵をなぞってイラストを描いてみよう

では，実際にイラストを描いてみよう。描き方の手順は次の通り。

1 事前に描いておいた下絵をIllustratorに読み込み，線画を作成する
2 着色をする

3 データを出力する

下絵を読み込む

まず，下絵となる学習用の練習素材を用意してあるので，https://github.com/hiromasaono/DigitalTools4LS からダウンロードし，ダウンロードフォルダ中の「practice.ai」を開く（**図3**）。

レイヤーについて

描き始める前に，レイヤーについて理解しておこう。

画面の右下に，レイヤーというパネルがある（**図4**）。もし表示されていない場合は，「ウィンドウ」メニューの「レイヤー」にチェックを入れて表示させる。

レイヤーは，透明なフィルムのようなもので，レイヤーに描かれた絵の上に，レイヤーを重ねて絵を描くと，下の絵と上の絵が重なって見える。

ツールを選んで線を描く

ダウンロードした素材の下絵をなぞってイラストを描いていこう。下絵のレイヤー1をロックして，レイヤー2を選択する。

図3

図4

図5

図6

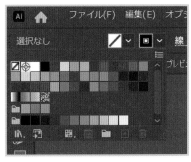
図7

よく使うツール

　ツールは画面左側に縦に並んでいるが(**図2**)，最もよく使うツールが「選択ツール」 だ。対象物 (オブジェクト) を選択し，移動・拡大縮小・回転などを行う。

　フリーハンドで曲線を描く時は，「鉛筆ツール」 を使う。「鉛筆ツール」は，ツールバーの「ブラシツール」 の下に隠れている。「ブラシツール」を長押しすると，「鉛筆ツール」が選択できるようになる (**図5**)。

　「鉛筆ツール」のアイコンをダブルクリックすると，「鉛筆ツールオプション」 ダイアログボックスが表示される。「精度」を「滑らか」よりにすると (**図6**)，マウスの実際の軌跡よりもなめらかな線を描くことができる線を描くことができる。

色の設定

　次に，塗りと線の色を設定する。コントロールパネルの塗りと線のボックスの下矢印を選択し，塗りの色を「なし」，線の色を「黒」にしよう (**図7**)。

輪郭線を描いていく

　最初に顔の輪郭を描く。

　なお，Altキー (Macの場合はOptionキー) を押しながらマウスのスクロールホイールを動かすと，画面を拡大縮小できる。

　「鉛筆ツール」で顔の輪郭をなぞる (**図8**)。始点と終点を一致させると線(パス)が閉じる。「鉛筆ツール」が選択されている状態で，Ctrlキー(⌘キー)を押すと「選択ツール」に切り替わる。「選択ツール」の状態で，空白箇所でクリックするとオブジェクトから選択が外れる。

線を修正する

　始点と終点が離れてしまった場合は，「ダイレクト選択ツール」 でShiftキーを押しながら始点と終点のアンカーポイント両方を選択し，「オブジェクト」メニュー→「パス」→「連結」〔ショートカットキーでCtrl (⌘) +J〕でパスをつなげる。

　パスを修正したい場合は，そのパスを選択し，「鉛筆ツール」でパスの近くをなぞると (**図9左**)，元あったパスが消えて新たなパスに修正される (**図9右**)。新たなパスの始点と終点を，元あったパスに重ねるようになぞるのがコツだ。

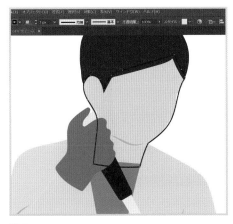
図8

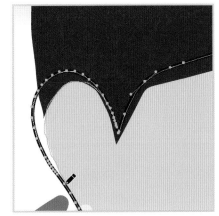

図9

図10

さらに細かく修正する場合は,「ダイレクト選択ツール」に持ち替え,アンカーポイントや,アンカーポイントから出ているハンドルを調整する(**図10左**)。

パス上にアンカーポイントを増やしたいときは,「ペンツール」を選択してパス上にカーソルを重ねると,カーソル横に「+」のマークが表示されるので,任意の箇所をクリックしてアンカーポイントを追加する(**図10中**)。

逆にアンカーポイントを削除したいときは,パス上の削除したいアンカーポイントの上にカーソルを重ねると,カーソル横に「ー」のマークが表示されるので,クリックしてアンカーポイントを消す(**図10右**)。

その他のものを描く

顔の輪郭が修正できたら,髪を描こう。曲線を描くため,「ペンツール」から「鉛筆ツール」に持ち替えよう。

髪が描けたら,白衣の下の上着,白衣,腕,手袋,袖の影を描こう。

角をなめらかにしたり角張ったりさせる

鉛筆ツールで描いたパスで,角(コーナー)の形状をなめらかなカーブにしたり,その逆にカーブを角にしたいときは,「アンカーポイントツール」を使う。

「アンカーポイントツール」は,「ペンツール」を長押しすると表示される(**図11**)。角にしたい箇所でカーブになっているアンカーポイントをクリックすると(**図12左**),曲線が角に変わる(**図12右**)。

【ショートカットキー一覧】
- 新規ファイルを開く
  Ctrl(⌘)+N
- 既存のファイルを開く
  Ctrl(⌘)+O
- 保存する
  Ctrl(⌘)+S
- ファイルを閉じる
  Ctrl(⌘)+W
- 編集の取り消し
  Ctrl(⌘)+Z
- ズームイン・ズームアウト
  Alt(Option)を押しながらマウスのスクロールホイールを動かす
- 画面を左右に移動させる
  Ctrl(⌘)を押しながらマウスのスクロールホイールを動かす
- コピー
  Ctrl(⌘)+C
- 画面の中央に貼り付け
  Ctrl(⌘)+V
- オブジェクトと同じ位置の前面に貼り付け
  Ctrl(⌘)+F
- オブジェクトと同じ位置の後面に貼り付け
  Ctrl(⌘)+B
- オブジェクトを垂直方向または平行方向に移動する
  Shiftを押しながらオブジェクトをドラッグする
- オブジェクトのアウトラインだけ表示させる
  Ctrl(⌘)+Y
- オブジェクトの重ね順を変える
  Ctrl(⌘)+]で前面に
  Ctrl(⌘)+[で背面に
  Ctrl(⌘)+Shift+]で最前面に
  Ctrl(⌘)+Shift+[で最背面に
- グループ化する
  Ctrl(⌘)+G
- 全てのオブジェクトを選択する
  Ctrl(⌘)+A
- レイヤーをロックする
  Ctrl(⌘)+2
- 線の色と塗りの色を逆にする
  Shift+X

図11

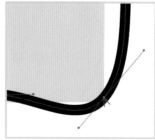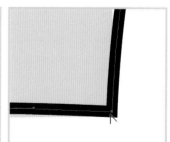

図12

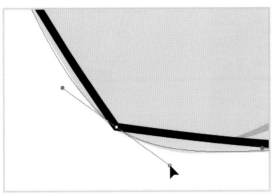
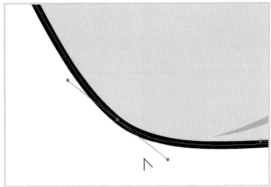

図13

逆に，角のアンカーポイントを「アンカーポイントツール」でドラッグすると，なめらかなカーブの線にすることができる（**図13**）。

　角の形状を丸くする方法は他にもある。ダイレクト選択ツールで角のアンカーポイントを選択すると，角の内側に二重丸（コーナーウィジェット）が表示される（**図14上**）。このコーナーウィジェットを内側方向へドラッグさせると（**図14中**），角が丸くなる（**図14下**）。

直線を描く

　次に，試験管を直線で描こう。直線は「ペンツール」を使う。

　試験管の角でマウスをクリックし，マウスボタンを離す（**図15左**）。続いて別の角でクリックすると次のアンカーポイントが作成されるので，同様に直線をつないでいき（**図15右**），始点と終点を重ねてパスを閉じる。

　同様にしてピペットも描いていく。描いた直線によって下絵の境界が隠れて見えない場合は，「Ctrl（⌘）＋Y」で，パスのアウトラインを表示させ，アンカーポイントの位置を調整する（**図16**）。通常の表示に戻すときは，再度「Ctrl（⌘）＋Y」を押す。

衣服の皺を描く

　次に衣服の皺を描く。

　「鉛筆ツール」で

図14
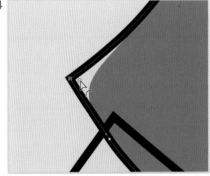
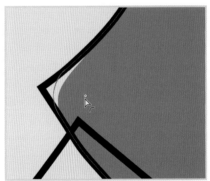
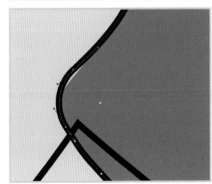

図15

図16

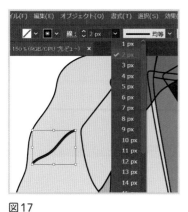
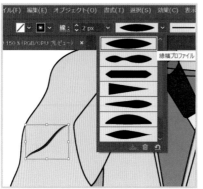
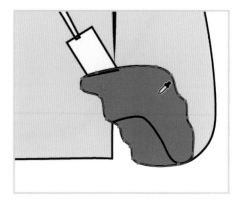

図17

図18

皺の曲線を描いた後,「選択ツール」でパスを選択する(**図17左**)。コントロールパネルの線の太さを2 ptにし,その右側のボックスの▽を押して線幅プロファイル1に設定し,線幅を変えよう(**図17右**)。他の服の皺,顔と首の境界も同様に描き,線の太さ・線幅を変更する。

描き終えたら,「選択ツール」でShiftキーを押しながら,線幅を変えた線をすべて選択し,「オブジェクト」メニュー→「パス」→「パスのアウトライン」を選択し,線の輪郭をパスに変換する。

色を塗る

線画が描けたので,次に色を塗ろう。

「選択ツール」でオブジェクトを選択し,「スポイトツール」 🖊 で下絵の塗りの上でクリックすると,下絵と同じ色になる(**図18**)。

下絵とは別の色にしたい場合は,先述したコントロールパネルの塗りボックスで変更することもできるし,ツールパネルの下部にある塗りボックスをダブルクリックするとカラーピッカーが表示されるので,ここから色を選ぶことができる(**図19**)。

1つずつオブジェクトを選択し,塗りの色を変更していく。

すべて塗り終えたら,オブジェクトの重ね順がおかしいところをレイヤーパネルで変更する。手袋レイヤーを選択して,ピペットレイヤーの上へ移動しよう(**図20**)。

重ね順を整えたら,下絵のレイヤー1を削除して,完成だ。

データを書き出そう

Togo picture galleryは,「ai」,「svg」,「png」の3種類のデータ形式でイラストが提供されている。

- aiデータは,線と点で構成されるベクター形式で,拡大しても画像が劣化しない特徴があるが,Adobe Illustratorでしか閲覧・編集できない。

- svgデータは,aiデータと同様にベクター形式だが,さまざまなアプリケーションで編集が可能で,サイズやカラーを変更することができる。

- pngデータは,多くのソフトウェアで利用可能なピクセル(画素)を大量に組み合わせたラスター形式で,画像を透過することができ,圧縮後に解凍しても元の画質を保持できるという特徴があるが,拡大縮小すると画質が低下してしまう。

svgデータは,「ファイル」メニュー→「別名保存」で,データ形式のsvgを選択し,任意の場所に保存する。pngデータは,「ファイル」メニュー→「書き出し」→「Web用に保存(従来)」でデータ形式の「PNG-24」を選択し,「透明部分」にチェックを入れ,保存して終了だ(**図21**)。

図19

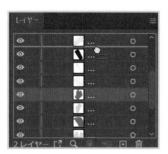

図20

図21

データ解析（統計解析，画像処理，配列解析）の基本となるツール

FaDAで統計解析し, グラフを作成する

▶ ▶ ▶ 上坂一馬　名古屋大学大学院 生命農学研究科 ゲノム情報機能学研究分野

　分子生物学の研究では, 実験や計算機実験によって日々大量のデータが生成される。統計的仮説検定 (以下, 統計検定) は, 特定の統計的手法を使用して, 実験で得られた測定値 (サンプル) を対象に, 調べたいグループ間で統計的に有意な差があるのかどうかを推定するための手法である。統計検定は, 研究の仮説の検証や意思決定の裏付けとして広く使用されている。

　FaDAは, フランスのナント大学の研究チームが開発した統計解析のウェブツールであり, 無料で使える。ユーザーの**実験結果を読みこんで, ウェブブラウザ上で統計検定**を簡単に実行できるように設計されている。統計検定の結果を見て気になったグループは, 高品質な**グラフにプロットして視覚的に判断**することもできるなど, 至れり尽くせりである。本章では, FaDAの使い方について, 難解な統計学の用語をできるだけ使わずに説明する。

FaDAでできること

- ウェブブラウザ上で統計検定を行って, 実験で得られた測定値が誤差で説明される範囲内 (帰無仮説) なのか, それともグループ間で有意に異なる (対立仮説) のかを推定する。
- 実験の測定値を複数の方法で視覚化して, サンプルの分布やグループ間の差を調べる。
- 統計検定の調整はリアルタイムに結果に反映される。統計検定の方法や閾値の選択によって結果がどのように影響を受けるのかをコマンドフリーで学ぶことができる。
- 統計検定は, 2群間比較, 3群以上の多群間比較のどちらにも対応している。
- 階層的クラスタリング, 主成分分析などの教師なしクラスタリング法を使って, 3つ以上あるグループ間の類似性を探る。

▶ FaDAの使い方

(1) FaDAにアクセスする

`https://shiny-bird.univ-nantes.fr/app/Fada`

Data Analysisを選択

FaDAのホームページにアクセスし, メニューの「Data Analysis」(①) を選択する。次のページで示すように, データを用意してアップロードする。

（2）アップロードするデータを準備する

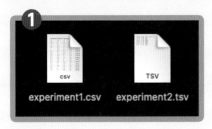

❶ experiment1.csv experiment2.tsv

ワイドフォーマット

❷

ユニークな識別子

Id	Sample 1	Sample 2	Sample 3	Sample 4	Sample 5	Sample 6	Sample 7	Sample 8	Sample 9	Sample 10
Group	control	control	control	control	control	treatment	treatment	treatment	treatment	treatment
gene1	86.8	88.3	91.6	88.2	87.4	90.3	86.6	89	87.8	85.3
gene2	15.4	16.1	18.9	14	17.3	26.2	21.4	21.7	22.3	25
gene3	45.4	33.6	35.2	30.5	8.57	6.69	7.88	8.8	11.5	10.8

パラメーターと観測値

グループ名

ロングフォーマット

❸　　グループ名

Id	Group	gene1	gene2	gene3
Sample 1	control	86.8	15.4	45.4
Sample 2	control	88.3	16.1	33.6
Sample 3	control	91.6	18.9	35.2
Sample 4	control	88.2	14	30.5
Sample 5	control	87.4	17.3	8.57

ユニークな識別子　　パラメーターと観測値

Tips　ワイドフォーマットとロングフォーマット
どっちを使う

属性や測定値の並べ方が異なるワイドフォーマットとロングフォーマット。どちらを使うべきか？　FaDAはどちらの形式にも対応しているので，お好みでよいわけだが，ロングフォーマットの扱いには慣れておきたい。

ワイドフォーマットの表は人間にとって傾向を理解しやすい表ではあるものの，少しの改変に対しても柔軟性に欠ける傾向があるのだ。よく指摘されるのは，欠損値に弱い点である。生物学実験結果で欠損値が生じることはあり得ないと考えるかもしれないが，希少なサンプルからたくさんの測定値を得る場合，特定のサンプルに観測対象の組織がなかったり，技術的問題でデータが出せなかったりといったことは確率的に発生し得る。このようなとき，ワイドフォーマットでは空白のセルが生じてしまう。不注意で存在しないことと区別するため，NA（not available）やNullのような文字で埋める必要がある。

一方ロングフォーマットでは，観測値が存在しない行はスキップすればよいため，このような問題に対して（プログラム側から見ても）頑強だ。ほかにもいくつかの理由があるので考えてみよう。

入力データの
ファイルフォーマットを選択

タブ区切りかカンマ区切りのテキストファイル（.tsvもしくは.csv）を準備する（❶）。Windowsならば純正のメモ帳かサクラエディタ，もしくはTeraPadが，Macならばmiやvisual Studio Code（VSCode）が使える。

Excelで表を作った場合には，メニューの「別名で保存」→「テキストとして保存」を選べばタブ区切りテキストとして，また「CSVとして保存」を選べばカンマ区切りテキストとして保存できる。

日本語や特殊文字，空白は使わないようにする。

表を作るときのフォーマット

表は**ワイドフォーマット（❷）かロングフォーマット（❸）**で作成する。ワイドフォーマットはいわゆるExcel形式の表で，縦方向（列）と横方向（行）それぞれに同じ属性のデータが並んでおり，人間にとって見やすい表である。反復かグループが増えるほど横に長くなる。

ロングフォーマットは1行ずつ1つの属性と値を記載する表で，反復かグループが増えるほど縦に長くなる表である。

❷と❸はFaDAが認識可能なワイドフォーマットとロングフォーマットの表の例である。先頭の行もしくは列にはユニークな識別子を記入，この列のように通し番号を付けるのがわかりやすい。

■ **MEMO**

FaDAのデモデータを使用できる

自分の研究データを用意できない場合，FaDAホームページの左上にある「To use our example dataset, click the box:」にチェックをつけると，FaDAが用意しているデモデータを使って統計検定が行える。

(3) データをアップロードする

❷
Descriptive table:

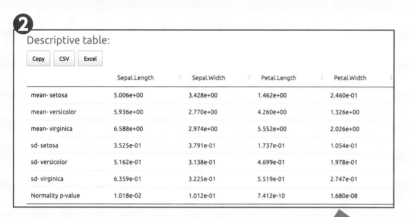

	Sepal.Length	Sepal.Width	Petal.Length	Petal.Width
mean- setosa	5.006e+00	3.428e+00	1.462e+00	2.460e-01
mean- versicolor	5.936e+00	2.770e+00	4.260e+00	1.326e+00
mean- virginica	6.588e+00	2.974e+00	5.552e+00	2.026e+00
sd- setosa	3.525e-01	3.791e-01	1.737e-01	1.054e-01
sd- versicolor	5.162e-01	3.138e-01	4.699e-01	1.978e-01
sd- virginica	6.359e-01	3.225e-01	5.519e-01	2.747e-01
Normality p-value	1.018e-02	1.012e-01	7.412e-10	1.680e-08

❸
Comparison table:

	Sepal.Length	Sepal.Width	Petal.Length	Petal.Width
p.value	1.67e-31	4.49e-17	2.86e-91	4.17e-85
p.adjusted BH	2.23e-31	4.49e-17	1.14e-90	8.34e-85
virginica-setosa	3.00e-15	1.36e-09	3.00e-15	3.00e-15
versicolor-setosa	3.39e-14	3.10e-14	3.00e-15	3.00e-15
virginica-versicolor	8.29e-09	8.78e-03	3.00e-15	3.00e-15

データをアップロード

準備ができたら, Page Analysis のページ左「Browse」(**❶**)から表のテキストファイルをアップロードする。本章では, 例としてアヤメのデータセットを用いる(Tips 参照)。

統計検定結果が表示される

正常に認識されると, 右上のパネル「Descriptive table」(**❷**)にグループごとの平均値(mean)と標準偏差(SD)が表示される。標準偏差は分散の平方根で, 平均値からのばらつき(ズレ)を表す。統計検定の結果は右下のパネル「Comparison table」(**❸**) の P 値(p-value)として示される。
表の見方については次ページで説明する。

おっと 気をつけよう!

エラーが起きるとき

ファイルをアップロードしたときにエラーが出て修正できない場合, アップロードボタン右端のボタン(**❹**)からFaDAのタブ区切りデモデータがダウンロードできるので, これが認識されるのか試してみよう。デモデータのアップロードでもエラーが出るなら, 使用しているウェブブラウザが対応していない可能性が疑われる。休暇のシーズンなどには, サーバーメンテナンスでアクセスできないこともあり得る。

Tips アヤメのデータセット

アヤメ科アヤメ属の野草3種の花のサイズに注目したCC BY 4.0 ライセンスのデータセット。モックではなく観測値である(Fisher, 1936)。このデータセットには, 花びら(petal)とがく片(sepal)の長さと幅に注目した4種類の測定値がそれぞれ50個あり, それが3種で利用できるので合計50個×4×3の測定値がある。詳しくは, wikipediaの"*Iris* flower data set"を検索してみよう。

統計検定の結果を解釈する

2群だけの比較時のcomparison table

①

	Sepal.Length	Sepal.Width	Petal.Length	Petal.Width
p.value	0.00015040801	0.08217933815	0.00000000464	0.00000029677
p.adjusted BH	0.00020054401	0.08217933815	0.00000001854	0.00000059353

3群の比較時のcomparison table

②

	Sepal.Length	Sepal.Width	Petal.Length	Petal.Width
p.value	1.50e-04	1.61e-01	5.60e-11	1.67e-09
p.adjusted BH	2.00e-04	1.61e-01	2.24e-10	3.34e-09
versicolor-setosa	3.25e-04	1.73e-01	2.14e-09	1.65e-07
virginica-setosa	4.53e-04	2.80e-01	4.42e-11	1.40e-09
virginica-versicolor	9.76e-01	9.45e-01	1.07e-04	1.13e-04

p.valueはP値
p.adjusted-BHは補正後のP値
Petalは花びら
Sepalはがく片
setosaは*Iris setosa*
virginicaは*Iris virginica*
versicolorは*Iris versicolor*

おっと気をつけよう！

P値では効果の大きさはわからない

P値は有意性の判断には役立つが，効果の大きさなどは判断できない。たとえば*p*=0.0001という結果が得られても，*p*=0.01という結果とどのくらい効果の差があるのかはわからない。標準偏差を見てばらつきがどうなっているのか，またグラフにプロットしてグループ間でどの程度の差があるのかを調べるのも大切。

■ MEMO

グループ間の差を調べる

多群間比較では，分散分析（ANOVA）によってまずグループ間に差がないのかどうかが調べられる。このときの帰無仮説は「いずれのグループ間でも差がない」だ。対応がないグループ間では一元配置分散分析（one-way ANOVA），対応があるグループ間では二元配置分散分析が使用される。分散分析の帰無仮説が棄却されたら，テューキー（Tukey）の範囲検定（パラメトリック）もしくはクラスカル・ウォリス（Kruskal-Wallis）検定（ノンパラメトリック）による多重比較を行って差があるグループを特定する。FaDAでは，3群以上のグループが認識されると，自動でこれらの統計検定が実行される。

帰無仮説が成立する確率がP値

統計検定は，差がないという仮説（帰無仮説）を立てて実行する。最終的な結果は，P値として得られることが多い。P値（probability）は，帰無仮説が真であると仮定した場合に，観察されたデータと同じかそれ以上に極端な結果が得られる確率を表す。比較しているグループ間で差がないときほどP値は1（100%）に近づき，極端な差があるときほどP値は0（0%）に近づく。P値が0に近いということは，観察されたデータが帰無仮説のもとで非常に起こりにくいことを示している。

一般にP値が0.05以下（5%以下）になると帰無仮説が正しい確率は十分に低いと考え，有意な差があると解釈する（対立仮説の採用）。

2群の比較と3群の比較に違い

❶は，2群だけの比較時のComparison tableであり，❷は，3群の比較時のComparison tableである。表に提示されているのはいずれもP値だ。2群間の比較では選択した統計検定でのP値と多重検定の補正（106ページのTips参照）後のP値（調整後P値）だけが示されるのに対して，3群以上の多群間比較では，表の1，2行目に分散分析の結果が，3行目以降にすべての2群間での多重比較の結果が示されるという違いがある。

表中で有意差がある結果は薄黄色で背景がハイライトされる。

Tips 多重検定での信頼性の低下を防ぐ──ボンフェローニ補正

アヤメのデータは4つの変数の比較データなので、2種間2群間で行う検定をすべての変数で実行すると合計4回検定することになる。5%の有意水準で4回統計検定を行った場合、1度も間違わない可能性は、95%から81.4%〔$(1-0.05)^4 \times 100$〕にまで下がってしまう。81.4%ならば十分な精度と感じるかもしれないが、そのような水準で研究を行った場合、100個の研究（論文）中、18個程度の研究は、1つ以上の変数について誤った結論を下していることになる。
このような信頼性の低下を防ぐために、ボンフェローニ補正（BH）と呼ばれる多重検定の補正法がある。検定の実行回数に応じて補正をかけ、有意水準が一定の値に保たれるようにするものである。

5%有意水準で4回行うなら、P値を0.05/4=0.0125とする。
しかし検定が厳しすぎると、今度は偽陰性（false negative）のテストが多くなってしまう。統計学ではタイプ2エラー（βエラー）と呼ばれる問題だ。このエラーは、本来は対立仮説が真であるにもかかわらず検定が厳しすぎるために有意差が出ないことや、サンプル数が少ないなどの理由で検出力が上がらず、帰無仮説が棄却されないことを指す。ただし、帰無仮説が採用されたからとって、それはサンプルから得られた確率的にもっともらしい解釈であり、グループ間に絶対的に差がないことを証明しているわけではない点には注意が必要だ。

検定の結果を可視化して検証する

（1）グラフを描くと気づくことができる

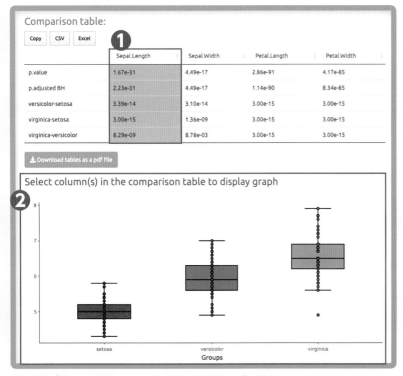

❷の箱ひげ図の3つの箱はアヤメ属の3つの種をそれぞれ表す。
● 箱ひげ図の丸いドット：サンプル（測定値）を表す。50個体の結果があるので50ドットプロットされている。
● 箱の縦幅：データを小さいものから並べたときの25%（第1四分位）～75%（第3四分位）の範囲に相当する。
● 箱のなかの横線：50%（第2四分位、つまり中央値）の位置に引かれる。
● 箱の下のひげ：最小値から第1四分位までの範囲を表す。
● 箱の上のひげ：最大値から第3四分位までの範囲を表す。

グラフを描いてサンプルの分布を視覚化して調べる

前ページの結果から、アヤメの4種類の測定値いずれについても、3つの種間すべての2群間の組み合わせで有意な差があった。しかしこれはFaDAのデフォルト設定での結果であり、適切な統計検定の設定を行わないと正しい結果は得られないことに注意したい。
統計の設定を行うには、サンプルの分布を知ることが大事なので可視化が役立つ。では、グラフを生成してサンプルの分布を見てみよう。図を生成するには、Comparison tableの関心がある列をクリックする（❶）。その場でグラフが生成されるので（❷）、どんな分布をしているのか見てみよう。
なお、もう一度列❶をクリックするとグラフは非表示になる。

グラフを見て設定が適切か判断する

❷の箱ひげ図を見ると、箱の縦幅よりもひげの長さのほうが少しだけ長く見えることに気付くかもしれない。もしサンプルの分布がサイコロを1個だけn回振ったときのように一様な分布ならこれは変である。なぜなら、すでに説明したように、箱の縦幅はデータの25～75%に相当し、ひげは上と下どちらも25%のデータ

箱ひげ図
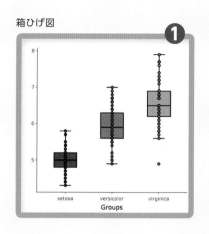

ドットグラフ
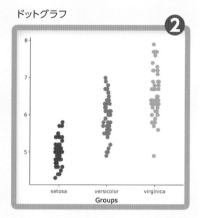

棒グラフ
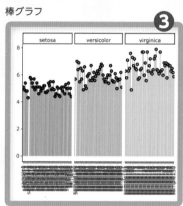

バイオリンプロット
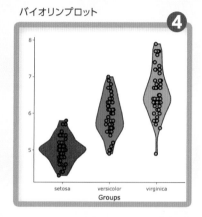

（2）正規分布かどうかを調べる

■ MEMO

normal distribution

生物や自然の測定値の分布でありふれているのは，英語でnormal distributionと呼ばれる，左右対称で中央が高く，裾野が長い分布である。形状が鐘に似ていることから釣鐘状（ベルカーブ）とも呼ばれる。日本語では「正規分布」もしくは「ガウス分布」と訳されるが，筆者は「普通分布」という表現を好んで使っている。自然界にありふれた分布なので，直訳である普通分布と呼ぶのが理にかなっている。

の分布にのみ相当するからである。一様な分布なら，ひげは箱の縦幅の半分くらいの長さが期待される。しかしそうはなっていない。グラフから，アヤメのがく片長は中央に偏っていて，裾野がまばらで長いデータになっていることが示唆される。これが本当かどうか確認するため，ほかのグラフも試してみよう。

グラフの種類を変えて描いてみる

図の変更はグラフオプションから行う。FaDA上でプロットできる種類は4つだ（❶〜❹）。バイオリンプロットは，サンプルの分布を表すヒストグラムをスムージングさせて90度回転させたようなグラフだ（より正しくは確率密度曲線）。バイオリンプロットでは，アヤメのがく片長が中央に寄った分布をしていることがほかの3つのグラフよりもはっきりとわかるだろう。

分布を可視化することで，分布に偏りがあるのか，偏りがあるなら頂点は1つ（単峰性）なのか，2つなのか（二峰性），どちらかに偏っているのか，裾野が長いのか短いのか，裾野が重いのか，など多様な情報を得ることができる。適切な統計検定を行うために，分布を知ることは大事だ。

分布を知ることはなぜ重要か

アヤメのデータは中央に偏った分布をしている。この測定値のように，自然界の測定値の多くはランダムに分布しているわけではなく，何らかの偏った分布を持っている。統計検定を行うにあたって，測定値の分布を仮定することは大事だ。なぜなら，分布を仮定することで，異なるグループ間で意味のある差が存在するのかどうか推定できるようになるからだ。分布を仮定しないとグループ間で意味のある差があるのか，もしくはそんなものはないのか客観的に評価できないからとも言える（ただし，分布を仮定しない統計検定もある）。実験回数が1回ではこの分布やばらつきを調べることが不可能なので，最低数回は実験を行う必要がある。

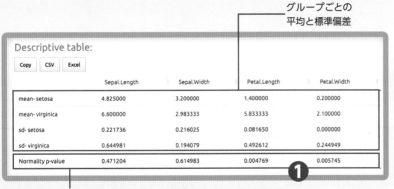

グループごとの
平均と標準偏差

Descriptive table:				
	Sepal.Length	Sepal.Width	Petal.Length	Petal.Width
mean- setosa	4.825000	3.200000	1.400000	0.200000
mean- virginica	6.600000	2.983333	5.833333	2.100000
sd- setosa	0.221736	0.216025	0.081650	0.000000
sd- virginica	0.644981	0.194079	0.492612	0.244949
Normality p-value	0.471204	0.614983	0.004769	0.005745

Normality p-value　測定値ごとのシャピロ・ウィルク検定のP値

正規分布かどうかを判定するための検定法が用意されている

FaDAでは，測定値から得られる分布の正規性を調べるために，**シャピロ・ウィルク（Shapiro-Wilk）検定**が使用できる。シャピロ・ウィルク検定とは，測定値が正規分布をしているという帰無仮説を立てて，測定値の分布を調べる検定法である。結果のP値は，104ページで示した「Descriptive table」の「Normality p-value」行（❶）に示される。

一般にP値が0.05（5％）以下，もしくはより厳しい0.01（1％）以下なら帰無仮説は棄却される。間違えやすいので注意したいが，帰無仮説は正規分布に従う，である。P値が0.05より大きいなら，正規分布に従う確率が高いことになる。アヤメのがく片の幅のシャピロ・ウィルク検定結果のP値は0.615（61.5％）なので，帰無仮説が成立する。

▶ 統計検定の設定を変更して検定してみよう

（1）統計検定の設定

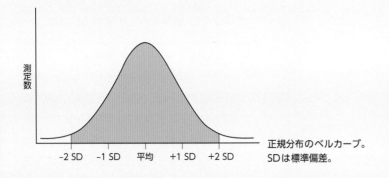

測定数

-2 SD　-1 SD　平均　+1 SD　+2 SD

正規分布のベルカーブ。
SDは標準偏差。

■ MEMO

どの統計検定を使うか

アヤメのデータのようにサンプルサイズが十分に大きくなると，中心極限定理によってサンプルの分布は正規分布に近似してくる。十分な数のサンプルが得られ，ベルカーブ様の分布をしていることも確認できるなら，鋭敏になりすぎるシャピロ・ウィルク検定は行わず，パラメトリックな検定を行ってみるのも1つの考え方である。ちなみに，あまりにサンプル数が多いとグループ間の微小な差でも有意な差がついてしまうので，結果の解釈には注意したい。そのような場合，適切なサンプルサイズを推定する検定を使って必要なサンプルサイズを推定したりする。

パラメトリックな検定かノンパラメトリックな検定か

FaDAでは**パラメトリックな検定**と**ノンパラメトリック**な検定のどちらも使用できる。パラメトリックな検定は何らかのパラメータに従う（すなわちparametric）分布に適用可能な検定で，ノンパラメトリック（nonparametric）な検定は何らかのパラメータに従うことを仮定せずに行う検定である。どちらの検定方法のほうが検出力（power）が高いのかは一概には言えないが，正しく分布を仮定できる場合，パラメトリックな検定のほうがノンパラメトリックな検定よりも検出力が高い傾向にある。

シャピロ・ウィルク検定で正規分布であることが推定されたアヤメのがく片の幅について，パラメトリックな検定で種間に有意な差があるか調べてみよう。

FaDAでのさまざまな設定の仕方については次ページで説明する

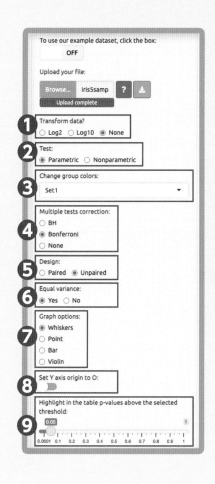

統計検定の設定の調整

アヤメの2群間比較を例に，いろいろな設定を調整してみよう。
少しややこしいが，統計検定では必須のプロセスなので慣れていってほしい。

❶対数に変換するかどうか：サンプルを対数変換するかどうかを設定する。下のMEMO
を参照。

❷パラメトリックかノンパラメトリックか

❸グラフのグループごとの色を指定

❹多重検定の補正方法：106ページのTips参照。ここでは，保守的なボンフェローニ
（Bonferroni）補正を選ぶ。他にはBH（Benjamini & Hochberg法）法がある。

❺対応群（paired）か独立群（unpaired）か：実験データが同じ生物個体からのサンプ
ルのものなら対応している。個体が違うなら独立しているという解釈でよいだろう。
個体が識別不能なバクテリアのような生物では，1本の試験管で培養したバクテリア
集団からサンプリングしたなら対応しており，同じシングルコロニー由来でも分けて
培養したなら対応していない。アヤメのデータでは個体が異なるのでunpaired を選ぶ。

❻データの等分散を仮定するか，不等分散を仮定するか：❺でunpairedを選んだとき
はどちらかを設定する。比較するグループ間においてデータのばらつきが同じと考え
るなら等分散，グループ間のばらつきには違いがあると考えるなら不等分散を選ぶ。
等分散の仮定時はスチューデント〔Student, 提唱者ゴセット（Gosset）のペンネームに
由来〕のt検定が使われ，等分散を仮定できないときはウェルチ（Welch）のt検定が使
われる。❺でpaired を選んだ場合，グループ間は実質等分散しているはずである。

❼グラフの種類

❽グラフのy軸原点を0スタートにするかどうか

❾P値：デフォルトは5%の有意水準。ここで変更できる。変更すると，Comparison
table の有意差があるセルは変わる。

■ MEMO

遺伝子発現値を対数変換して扱う

分子生物学の研究において，アヤメのデータのようにたくさんの測
定値が得られるケースは多くない。コストの関係でサンプル数が
3〜5程度しかないとき，正確な分布を推定することは難しくなって
しまう。そのようなケースでは，分布を仮定しないノンパラメトリッ
クな検定を選ぶべきだ。しかし，過去の類似研究との比較を理由に
分布を仮定することもある。よくあるのは遺伝子発現値の比較だ。
遺伝子発現値は値が何桁も変動する裾野が長い非対称な分布を
持つ。対数正規分布に近似し，それゆえ，**対数変換**すると正規分布
に近似する。この性質を利用して，遺伝子発現の対数変換値（log値）
をt検定して有意差があるかどうか調べることはよく行われる（FaDA
では上の設定の❶から対数変換できる）。

しかし，すべての遺伝子発現値が対数変換によって正規分布に近似
するとは限らないため，過信すると解釈を誤ってしまう恐れもある。
測定値が得られたら，FaDAでサンプルの分布を可視化したり，ノン
パラメトリックな検定でも有意差が認められるか調べてみたりしよう。

統計検定の結果が本当に結論の根拠になるのか

実験の背景を考慮し，統計検定の結果が正しい結論なのか改めて
考えることも重要だ。たとえば，「花の形状はアヤメ科の種間で異
なるのだろうか？」というのが研究の問いなのであれば，花の長さ
だけで議論するのではなく，幅や高さも考慮する必要がありそうだ。
アヤメのすべての変数（4種類の測定値）について主成分分析を使っ
て要約するとどうなるだろうか？ 「Heatmap & PCA」のタブで試
してみよう。

（2）新しい設定での検定結果を保存する

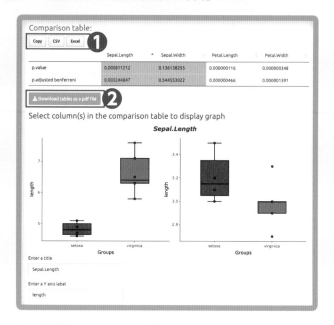

統計検定の出力

以上で統計の設定は終了となる。Comparison tableではどのような結果が得られただろうか？改めてグラフをプロットして表と一緒に考えてみよう。統計検定の出力は、表の上のボタンから、CSV, Excel形式でダウンロードできる（❶）。図はPDFで出力できる（❷）。図はGrouped plotsからまとめて出力することもできるので覚えておこう。

おっと 気をつけよう！

**統計検定の設定は
ダウンロードできない**

統計検定の設定はダウンロードできないので、実験ノートに記録しておこう。

TOGO TV
「FaDAを使ってウェブブラウザ上で汎用な統計解析を行う」
https://togotv.dbcls.jp/20220113.html

類似ツールとの使い分け

PlotS

PlotSは最近プレプリントが発表された、統計検定をウェブ上で行うことができるウェブアプリケーションだ。https://plots-application.shinyapps.io/plots/_w_1c8cff8b/#!/ からアクセスできる。FaDAと同等の機能を持つが、統計検定で選べる方法などに違いがある。FaDAで検定結果が出るようなら、PlotSも並行して試してみよう。Summaryタブでは統計量を要約した結果が利用できる。それを見るのがよいだろう。

PlotsOfDataとBoxPlotR

PlotsOfData（https://huygens.science.uva.nl/PlotsOfData/）とBoxPlotR（http://shiny.chemgrid.org/boxplotr/）はウェブ上で高品質な箱ひげ図やバイオリンプロットを作成できるウェブアプリケーションだ。統計検定には対応していないが、グラフの外観を修正する機能に長けている。いずれも統合TV（TogoTV）で使用方法が説明されている。

TOGO TV
「PlotsOfDataを使ってデータの統計量とそのグラフを作成する」
https://togotv.dbcls.jp/20220314.html

TOGO TV
「BoxPlotR を使って箱ひげ図を作成する」
https://togotv.dbcls.jp/20211109.html

11 ImageJを使って画像を処理・解析する

▶ ▶ ▶ **安西高廣** 群馬工業高等専門学校物質工学科 タンパク質生命科学研究室

　実験結果を相手に理解してもらうには，画像を提示するのが一番わかりやすい。動物や植物といった実験試料の画像，電気泳動のゲル画像，蛍光顕微鏡画像など，実験結果を示すためのさまざまな画像が，生命科学系論文のfigureとして掲載されている。このような画像は，ただ単に装置やカメラで撮影したものをそのまま掲載しているのではなく，画像処理や画像解析と呼ばれる一連の操作を行ったうえで提示されているものが多い。

　ここで紹介するImageJは，このような画像処理・画像解析を行うための圧倒的な定番ソフトウェアである（しかも無料）。ユーザーが多いこともあり，できない画像解析はないというくらいプラグインも充実している。2020年10月にはウェブブラウザ上で動かすことができるImageJ.JSがリリースされ，さらに手軽に解析が行えるようになった。ここではまず，ImageJ.JSを用いて，細胞の蛍光顕微鏡画像を例に，細胞数をカウントする方法を紹介する。さらに応用編として，スタンドアローン版のImageJを用いて，細胞数カウントをマクロを用いて自動化する方法を紹介する。

ImageJでできること

- ほぼすべての画像解析が行える。
  - 画像の加工ができる（トリミング，コントラストの変更，重ね合わせ，疑似カラーの変更，ファイル形式の変更など）。
  - 画像の解析ができる（距離の測定，面積の測定，蛍光強度の算出，粒子数のカウント，バンドの濃度の算出など）。
- 動画を作成できる。
- 3次元画像を作成できる。
- Javaを用いた機能の拡張が可能であり，世界中のユーザーが使いやすいプラグインを公開している。

ImageJの使い方

（1）ホームページにアクセスする

`https://imagej.net/`

「ImageJ.net」と検索する
「ImageJ.net」をキーワードにウェブ検索し，「ImageJ wiki」というサイトを開こう。
以前は開発元であるNIH（national Institutes of Health）のサイトが公式だったが，現在はこれが公式となっているようだ。

（2）ウェブブラウザ版にアクセスする

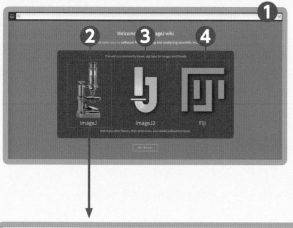

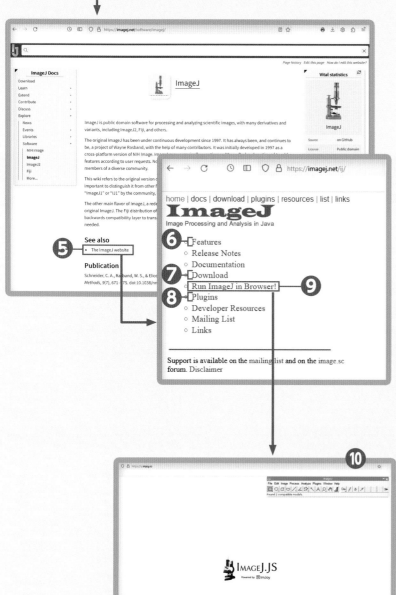

ImageJ，ImageJ2，Fijiを選択できる

トップページ（**❶**） からは ImageJ（**❷**），ImageJ2（**❸**），Fiji（**❹**）の3つを選択することができる。

- ImageJ
- ImageJ2はImageJの次世代版で，開発が進行中である。
- Fijiは生命科学系の画像処理に特化したプラグインがあらかじめ導入されたImageJであり，「Fiji Is Just ImageJ」の頭文字から命名されている。使い方はImageJと大きな違いはないので，生命科学系の研究者はこちらをメインに使用するのもいいだろう。

ImageJを選択する

トップページでImageJを選択すると，ImageJ wikiらしく，ImageJの説明画面につながる。ImageJを導入するために，See alsoのところのThe ImageJ website（**❺**）のリンク先に進もう。

ウェブブラウザ版のImageJ.JSを選択する

開いたページでは，ImageJの使い方を見たり（**❻**「Features」），スタンドアローン版のダウンロードを行ったり（**❼**「Download」）できるほか，拡張プラグイン（**❽**「Plugins」）も入手可能だ。

ここでは，「Run ImageJ in Browser！」（**❾**）を選択しよう。しばらく待ち，起動画面（**❿**）がウェブブラウザ上に現れればOKだ。ここからは，ウェブブラウザ版（以降ブラウザ版と呼ぶ）ImageJであるImagJe.JSの使い方について説明する。

＊スタンドアローン版のダウンロードについては120ページも参照。

(3) 画像を開き3色に分離する

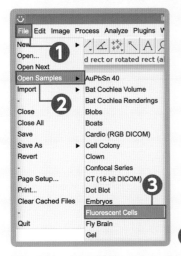

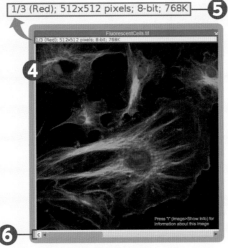

サンプル画像を表示する

まずは，ImageJにサンプル画像として載っている細胞の蛍光顕微鏡画像を開いてみよう。メニューバーの「File」（❶）をクリックし，「Open Samples」（❷），「Fluorescent Cells」（❸）の順に選択すると，サンプル蛍光顕微鏡画像（❹）が表示される。

画像の色情報

上段（❺）にファイル名，その下に現在選択されているカラー，画像のピクセル数，色情報，ファイルサイズが表示される。この画像は赤，緑，青の3チャンネルで構成されており（RGBカラー画像），下段（❻）のスライダーを動かすことで，それぞれの色を選択することができる。

画像を3色に分ける

❹のサンプル画像が選択された状態で，メニューバーの「Image」（❼）→「Color」（❽）→「Split Channels」（❾）の順に選択する。

すると，それぞれの色情報がグレースケール画像として分離され，1枚ずつ扱えるようになる（❿）。グレースケール画像は単色（monochrome）だが，もともとの色で画像が表示される（疑似カラー）。

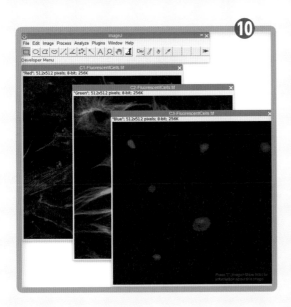

> **Tips** グレースケール画像と
> RGBカラーを扱える
>
> ImageJでは，グレースケール画像と，RGBカラー画像の両方を扱うことができる。このサンプル画像はRGBカラー画像で，赤，緑，青の3色がそれぞれ8ビットの色情報を持っている。グレースケールは，単色（monochrome）を256の階調（8ビットの場合）で表現した画像のことである。RGBカラー画像のように，赤，緑，青の3色を別のレイヤーとして扱うことができるものをコンポジット（composite）画像という。

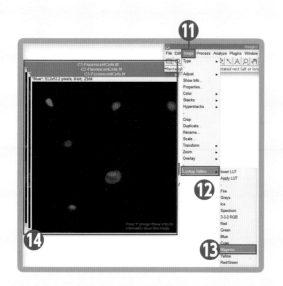

いろいろな疑似カラーをつける

画像を選択した状態で，メニューバーの「Image」（⑪）→「Lookup Tables」（⑫）→（たとえば）「Magenta」（⑬）と選択すると，画像に異なる疑似カラーをつけることもできる（⑭）。

▶ 細胞数をカウントする（粒子数の解析）

（1）画像を3色に分離する

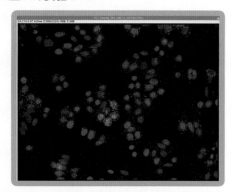

RGBカラー画像

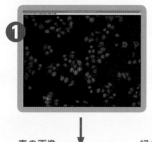

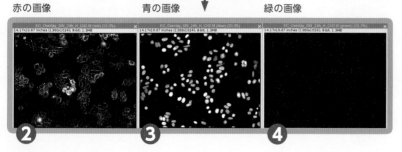

赤の画像　　　　　青の画像　　　　　緑の画像

「Analyze Particle」を使って細胞数をカウントしよう

細胞免疫染色を行って撮影した蛍光顕微鏡画像から，核染色（DAPIやHoechstを用いる）した細胞の画像情報を用いて細胞数をカウントする方法を紹介する。ImageJで細胞数をカウントする方法はいくつか考えられるが，ここでは8ビット256の情報を0と255の2値化情報に変換し，閾値を変化させてノイズを除去したあと，ImageJの「Analyze Particle」というプログラムを用いて細胞数をカウントする方法を紹介する。

画像を開く

蛍光顕微鏡画像（❶）を開こう（このサンプル画像のダウンロードは120ページ参照）。この画像はSW480という大腸がん細胞を抗体（赤）とHoechst（青）で染色したものである。
さきほどのサンプル画像と同様に，「Split Channels」で，赤（❷），青（❸），緑（❹）の3枚に分離しよう。細胞数のカウントで必要なのは，核の情報，つまり青で染色した画像のみなので，赤と緑の画像はいったん閉じてしまう。

(2) 核の領域を決定する

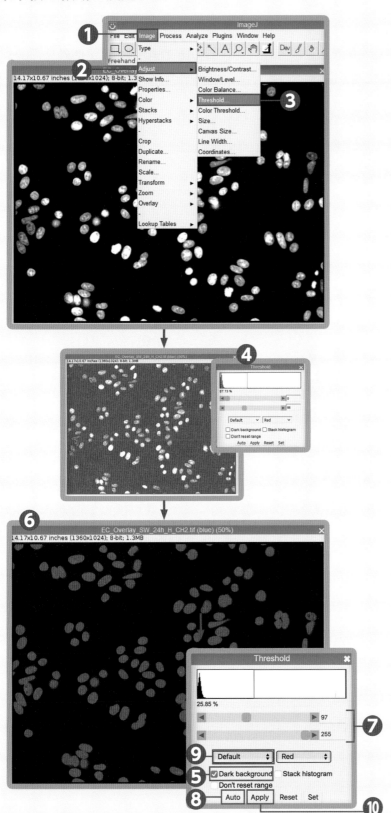

閾値を設定する

次に，前ページの❸の画像のどこがバックグラウンドでどこが核なのかを決定するために，閾値を決めよう。

メニューバーの「Image」（❶）→「Adjust」（❷）→「Threshold」（❸）と選択すると，Thresholdウィンドウ（❹）が表示される。今回は核の領域を決定したいので，「Dark background」にチェックを入れて（❺），核が選択されるようにする（❻）。

ノイズを拾わないように調整する

Thresholdウィンドウ内のスライダー（❼）は上段で閾値の下限を，下段で閾値の上限を設定できる。ここで，ノイズは拾わず，核だけを上手に選択する値を選ぶ必要があるが，複数の画像解析を行う場合には，一枚一枚手動で決めていくのは大変であるうえ，恣意的になる可能性がある。

まずは「Auto」（❽）を選択するとよいが，もしうまく選択できない場合は，「Default」（❾）をクリックしてアルゴリズムを変更し，ちょうどよく選択できるものを探してみよう。

ちなみに，次ページの画像⓫は，上段のスライダーを97から少し右に設定した画面。
画像⓬は，上段のスライダーを97から左（❼）に設定した画面である。

「Apply」（⓿）をクリックすると，116ページの❶のように，閾値に従い，白黒（0もしくは255）の2値化された画像に変換される。

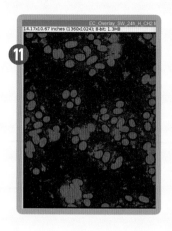

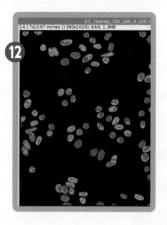

■ **MEMO**

**スタンドアローン版では
「Auto Threshold」が便利**

スタンドアローン版には,「Auto Threshold」というプログラムがあり, すべてのアルゴリズムの結果を一度に表示してくれる。ここから最もよいアルゴリズムを選ぶのがいいだろう。

(3) 核の重なり, 中抜け部分を修正する

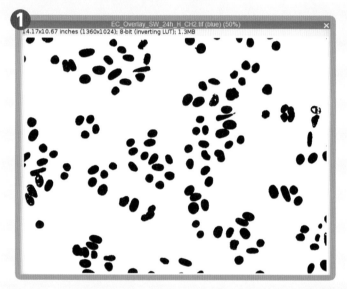

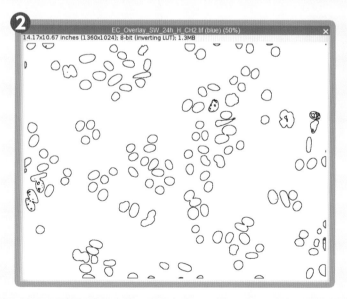

エッジを描出する

染色の状態によっては, 核が重なっていたり, 中抜けしている場合があるので, そのままでは正確な細胞数がカウントできない。(2) で閾値を設定した画像❶に対して, いくつか画像処理を行う。

筆者は, まずメニューバーの「Process」→「Find Edges」でエッジを描出する(❷)。

おっと 気をつけよう!

解析途中の画像は別名で保存

適宜ファイルを保存することが可能だが, 上書き保存してしまうと, もとの画像も失われてしまうので, もし解析途中の画像を保存する場合は「別名で保存 (save as)」することをおすすめする。

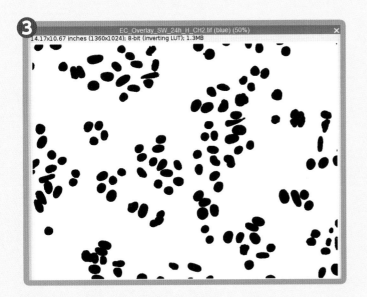

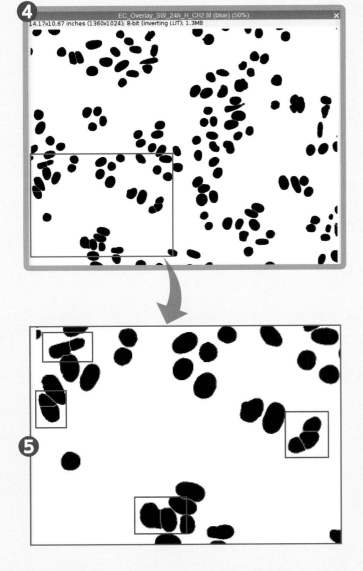

中抜け部分を塗りつぶす

次に，エッジのなかを塗りつぶすプログラムとして，メニューバーの「Process」→「Binary」→「Fill Holes」を行う。すると，中抜けしていたところもうまく塗りつぶされた（❸）。

重なり部分を分割

最後に，核が重なったところを分割するためにメニューバーの「Process」→「Binary」→「Watershed」を行う。重なっていた核がうまく分離した（❹）。❺の拡大画像で赤枠で囲った箇所がそうである。

> **Tips 重なり部分の分割がうまくいかないとき**
>
> うまくいかない場合には，ほかのアルゴリズムを試してみるとよい。プラグインとして「Adjustable Watershed」や「Interactive Watershed」などが公開されている。

用語解説

ROI（region of interest, 関心領域）
画像処理，分析などの対象として，境界で区切られた領域のこと。

DAPI（ダピ）
核染色で用いられる蛍光色素。生細胞の場合は細胞膜を通過できないため染色されないが，死細胞や固定して細胞膜を通過できる条件で核内へ移行して核酸と結合し，青い蛍光を発する。

Hoechst（ヘキスト）
同様に核染色に用いられる蛍光色素。DAPIより細胞毒性が低く，細胞膜透過性が高いことから，生細胞での核染色によく用いられる。

（4）細胞数をカウントする

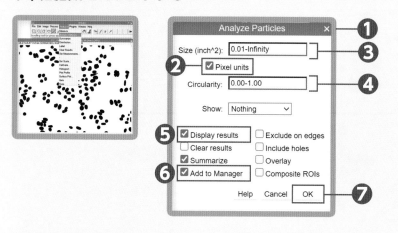

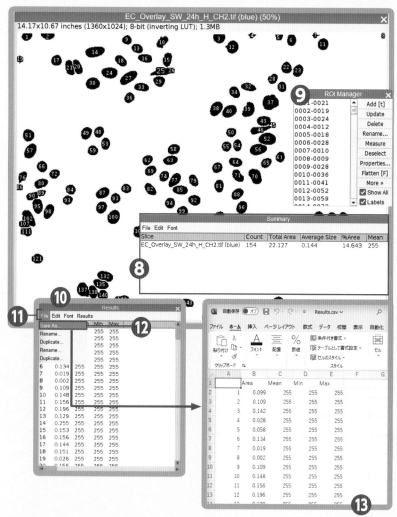

カウントのための設定を行う

いよいよ細胞数のカウントに移ろう。前ページの❹の画像に対してメニューバーの「Analyze」→「Analyze Particles」と選択すると，設定画面が立ち上がる（❶）。

Sizeはinch^2と平方インチ表記になっているが，ここではチェックボックスにチェックを入れてpixel units（ピクセル長単位）を選ぶ（❷）。デフォルトでは0-Infinityになっているが，下限を0から変更すると，小さなノイズがカウントされるのを防ぐことができる。今回は下限を0.01に設定した（❸）。細胞のサイズや解析する顕微鏡画像の倍率などの情報から，適切な値を選んでほしい。

「Circularity」（❹）は真円度を表している（1が真円）。たとえば細長い核を持つ細胞などが混ざっている場合など，真円から外れたもののみをカウントするまたは除外する際に有用だろう。

チェックボックスは，「Display results」（❺）と「Add to Manager」（❻）は選択したほうがよい。「Display results」はカウントした結果を表示する，「Add to Manager」はカウントした結果をファイルに書きこむコマンドである。

OKを押すと，カウントが実行される（❼）。

細胞数がカウントされる

この画像では，154の細胞がカウントされた。「Summary」（❽）には得られた細胞数や面積の情報などが表記されている。「ROI Manager」（❾）では今回カウントされた粒子を一つひとつ選択できるので，それぞれの情報を調べるのに便利である。

カウントの結果は，「Results」として表示される（❿）。「File」（⓫）→「Save as」（⓬）でCSV形式のファイル（⓭）が保存できる。

マクロを利用して解析を自動化する

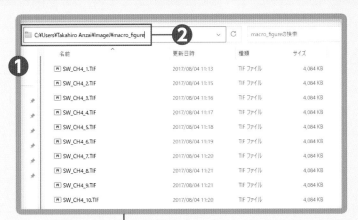

マクロ解析用のサンプルデータ

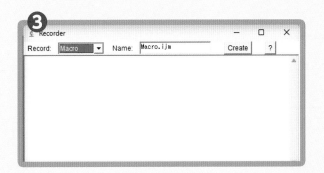

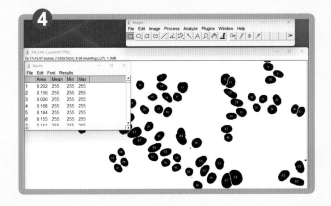

マクロを使うときは
スタンドアローン版がおすすめ

ここでは，先ほどの画像解析を，複数枚の画像に対してマクロを用いて実行する方法を紹介する。ブラウザ版のImageJ.JSでもマクロを実行することは可能であるが，ファイルのPATHの指定に難があるため，ImageJ.JSではなくスタンドアローン版のImageJを用いることにする。

解析するファイルを保存

筆者はWindowsを用いており，ImageJは公式の推奨に従い「C:¥Users¥[user name]¥」の下にImageJフォルダを作成して使用している。今回マクロで解析するファイルは10ファイル（**1**），ImageJフォルダの下に「macro_figure」（**2**）というフォルダを作成して保存した。Macの場合はファイル置き場に指定はないが，アプリケーションにある「ImageJ」フォルダの下に作成するとよいだろう。

マクロを作成

ImageJを立ち上げ，メニューバーの「Plugins」→「Macros」→「Record...」と選択する。すると，マクロを記録するためのRecorder画面が立ち上がる（**3**）。この後行う作業をRecorder画面で記録し，複数枚実行できるよう書き換えて使用することになる。

「細胞数を解析する」で説明したのと同様に，ファイルを開き，「Split Channels」→「Threshold」→「Find Edges」 →「Fill Holes」 →「Watershed」 の順に画像処理を行い，「Analyze Particles」を実行する（**4**）。確認のため，ROIで囲まれた画像をTiff形式で保存，さらに結果をCSV形式で保存する。

Tips **マクロで手間と恣意性を回避しよう**

同じ画像処理を複数枚の画像に対して一つひとつ行うこともできるが，枚数が増えれば増えるほど手間も増えるだけでなく，それぞれでパラメータが変わっていれば，恣意的な解析との指摘を受ける可能性もある。ImageJでは，操作を記録して実行できるマクロと呼ばれる機能が実装されており，これを使えばそのような懸念も解消される。

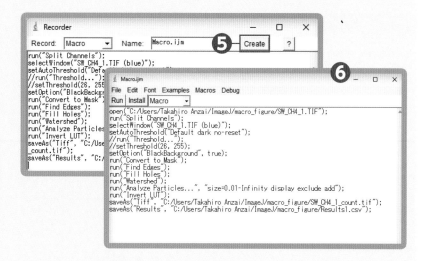

Recorder画面には一連の作業コマンドが記録されているので、「Create」（❺）を選択し、ijmファイルとして書き出す（❻）。このマクロを保存し、テキストエディタで編集する（❼）。

ファイルが10まで連番なので、1から10まで実行するように追記した（❼の赤字）。また、roiManagerやResultsが重ね書きされてしまうので、ファイルに通し番号がつくようにコマンドを追記した（❼の赤字）。

実際にメニューバーの「Plugins」→「Macros」→「Run…」で追記したマクロのijmファイルを読みこむと、数秒足らずで10枚の画像処理と細胞数カウントを実行することができた。
このように、ImageJを使えば画像解析が自動で行えるようになる。ぜひ使いこなして、いい論文をたくさん発表してもらいたい。

・編集したマクロ ❼

```
for (i = 1; i <= 10; i++) {
open("C:/Users/Takahiro Anzai/ImageJ/macro_figure/SW_CH4_"
+ i + ".TIF");
run("Split Channels");
selectWindow("SW_CH4_" + i + ".TIF (blue)");
setAutoThreshold("Default dark no-reset");
//run("Threshold...");
//setThreshold(26, 255);
setOption("BlackBackground", true);
run("Convert to Mask");
run("Find Edges");
run("Fill Holes");
run("Watershed");
run("Analyze Particles...", "size=0.01-Infinity display
exclude add");
run("Invert LUT");
saveAs("Tiff", "C:/Users/Takahiro Anzai/ImageJ/macro_
figure/SW_CH4_" + i + "_count.tif");
roiManager("reset");
saveAs("Results", "C:/Users/Takahiro Anzai/ImageJ/macro_
figure/Results" + i + ".csv");
run("Clear Results");
}
```

TOGO TV
「ImageJのウェブブラウザ版ImageJ.JSを使って画像を処理・解析する」
https://togotv.dbcls.jp/20210419.html

TOGO TV
「ImageJを利用して画像を処理・解析する」
https://togotv.dbcls.jp/20121119.html

TOGO TV
「ImageJを利用して画像を処理・解析する―2」
https://togotv.dbcls.jp/20130206.html

サンプルデータがダウンロードできる

この章で使用したサンプル画像とマクロ解析データは以下からダウンロードできる。

https://github.com/hiromasaono/DigitalTools4LS

サンプルデータは11章のフォルダに収められている
● 蛍光顕微鏡画像（大腸がん細胞SW480を抗体〔赤〕とHoechst〔青〕で染色）
Ch11Sample1.png
● マクロ解析用画像
Ch11Sample2macroフォルダ（顕微鏡画像と解析結果画像が各10枚ずつ、およびCSV形式のファイル）

■ MEMO

スタンドアローン版をダウンロードする

112ページの❼「Download」を選択すると、ソフトウェアのダウンロードページが表示される。Mac OS X, Linux, Windows版がそれぞれ選べるほか、ユーザーガイドやサンプル画像もこのページからダウンロードが可能である。各OS版はダウンロードしたZIPファイルを解凍し、Windows版の場合は「ImageJ.exe」、Mac OS X版の場合は「ImageJ.app」をダブルクリックすれば起動できる。
2024年4月現在のImageJのバージョンは1.54iである。

Jalviewを使って 配列解析・系統樹解析をする

▶ ▶ ▶ **米澤泰良** 広島大学大学院 統合生命科学研究科 ゲノム情報科学研究室

　DNA，RNA，タンパク質などの配列をアラインメントすることは，BLASTなどの配列類似性検索や，分子系統樹の作成に必須である。ここで紹介するJalviewは，DNA，RNA，タンパク質の多重配列アラインメント結果の編集，解析に加え，可視化を行うことができる無料のツールである。アラインメントされた配列の特徴を詳細に見たり，分子系統樹を作成したりすることができ，幅広い解析が可能なことが特徴だ。また，UniProtなどのさまざまなデータベースと連携しており，自分で取得した配列だけでなく，Jalviewを通じて配列の取得や解析も可能である。

　本章では，まずタンパク質配列データをUniProtで取得し，それをClustalWで多重配列アラインメントし，そのデータを用いた分子系統樹の可視化をJalviewで行う方法を，統合TVの動画に沿って紹介する。

Jalviewでできること

- 多重配列アラインメントされた配列データをその特徴に合わせて可視化することができる。
- 多重配列アラインメントされた配列データから，分子系統樹を簡単に作成することができる。
- UniProtなどさまざまなデータベースにJalviewを経由してアクセスし，配列データの取得，解析を統合して行うことができる。
- スタンドアローン版とブラウザ版の両方がある。

▶ 多重配列アラインメントデータを準備する

（1）UniProtからタンパク質配列を取得する

https://www.uniprot.org/

UniProtにアクセス

ここでの解析には，ヘキソキナーゼ（グルコースを含む六炭糖のリン酸化に関与する酵素）のタンパク質配列を用いる。配列は，タンパク質配列のデータベースであるUniProtから取得する。まずUniProtにアクセスしよう。トップページの「ID Mapping」（❶）から配列を取得する。

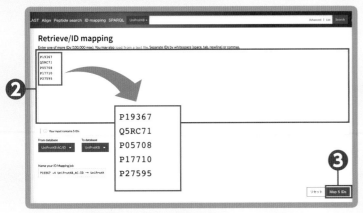

ヘキソキナーゼのタンパク質配列IDを入力

5種の生物のタンパク質配列を，配列を記述する基本的なフォーマットであるFASTA形式（multi-FASTA 形式とも呼ばれる。拡張子は.fasta）で取得する。

UniProtトップページの上部から「ID mapping」（❶）を選択し，「Retrieve/ID mapping」の画面（❷）にタンパク質配列のIDを入力する。

ヘキソキナーゼの配列のID番号は下記である。
- ●ヒト（UniProt accession: P19367）
- ●スマトラオランウータン（UniProt accession: Q5RC71）
- ●ラット（UniProt accession: P05708）
- ●マウス（UniProt accession: P17710）
- ●ウシ（UniProt accession: P27595 ）

配列をダウンロードする

❸をクリックすると，ジョブの状況を確認できるページに移行する。

ジョブが完了したらStatusが「Completed」になるので（❹）ここをクリックすると結果の一覧が確認できる。次にダウンロードボタンを押し，FASTA形式のファイルをダウンロードする（このとき，compressedは「No」を選んでおく）。

（2）ClusterlWでアラインメントを行う

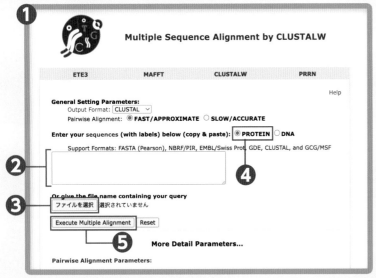

https://www.genome.jp/tools-bin/clustalw

ClusterlWにアクセスする

得られた5種の配列を含むFASTA形式のファイル（hexokinase.fastaと名前を変更）に対し，多重配列アラインメントを行う。　今回は，ClustalWというアラインメントプログラムを使用する。「clustalw」と検索し，GenomeNetのClustalWにアクセスする（❶）。

配列をアップロードする

トップページに配列をコピー＆ペーストで入力するか（❷），FASTAファイルをそのままアップロードすればよい（❸）。今回は，上で取得したFASTAファイルをアップロードする。タンパク質配列をアラインメントするので，「PROTEIN」にチェックをつけておく（❹）。これで「Execute Multiple Alignment」（❺）を押すとアラインメントが開始される。

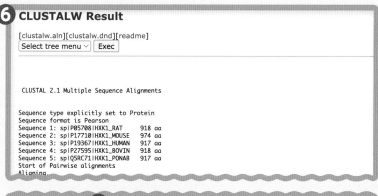

```
⑥ CLUSTALW Result

[clustalw.aln][clustalw.dnd][readme]
[Select tree menu ▼] [Exec]



    CLUSTAL 2.1 Multiple Sequence Alignments

Sequence type explicitly set to Protein
Sequence format is Pearson
Sequence 1: sp|P05708|HXK1_RAT      918 aa
Sequence 2: sp|P17710|HXK1_MOUSE    974 aa
Sequence 3: sp|P19367|HXK1_HUMAN    917 aa
Sequence 4: sp|P27595|HXK1_BOVIN    918 aa
Sequence 5: sp|Q5RC71|HXK1_PONAB    917 aa
Start of Pairwise alignments
Aligning.
```

```
[clustalw.aln] ⑦

CLUSTAL 2.1 multiple sequence alignment


sp|P19367|HXK1_HUMAN    ----------------------------------------------------MIAA
sp|Q5RC71|HXK1_PONAB    ----------------------------------------------------MIAA
sp|P27595|HXK1_BOVIN    ----------------------------------------------------MIAA
sp|P05708|HXK1_RAT      ----------------------------------------------------MIAA
sp|P17710|HXK1_MOUSE    MGWGAPLLSRMLHGPGQAGETSPVPERQSGSENPASEDRRPLEKQCSHHLYTMGQNCQRG


sp|P19367|HXK1_HUMAN    QLLAYYFTELKDDQVKKIDKYLYAMRLSDETLIDIMTRFRKEMKNGLSRDFNPTATVKML
sp|Q5RC71|HXK1_PONAB    QLLAYYFTELKDDQVKKIDKYLYAMRLSDETLIDIMTRFRKEMKNGLSRDFNPTATVKML
sp|P27595|HXK1_BOVIN    QLLAYYFTELKDDQVKKIDKYLYAMRLSDETLIDIMNRFKEMKNGLSRDFNPTATVKML
sp|P05708|HXK1_RAT      QLLAYYFTELKDDQVKKIDKYLYAMRLSDEILIDILTRFKEMKNGLSRDYNPTASVKML
sp|P17710|HXK1_MOUSE    QAVDVEPKIRPPLTEEKIDKYLYAMRLSDEILIDILTRFKEMKNGLSRDYNPTASVKML
                        *  :    .    :*********** *:**.:**:**********.****:****
```

アラインメントの結果が出力される

計算結果が⑥のように出力される。多重配列アラインメントの結果を見ると，アミノ酸配列にギャップ(-)が入っていることがわかる。このファイルをダウンロードするには，「clustalw.aln」(⑦)をクリックする。

用 語 解 説

ClustalW

多重配列アラインメントを行うために開発されたClustalシリーズのプログラムの1つ。なお，同シリーズのClustal OmegaもJalviewで使用可能。

▶ Jalviewで多重配列アラインメントの結果を可視化する

(1) Jalviewをインストールする

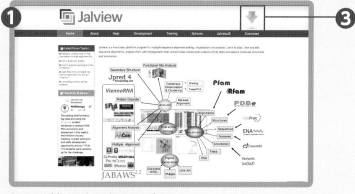

https://www.jalview.org/

ダウンロード

スタンドアローン版をダウンロードしよう。Jalviewのホームページにアクセスする。このホームページでは，Jalviewに関するすべての情報を確認することができる。

緑矢印，あるいはその下の「Download」(❷)をクリックすると，ダウンロードページに移動する(❸)。(❹)にはインストールが可能なOSが掲載されており，それぞれ選ぶことができる。今回は，macOSバージョン(Jalview 2.11.2.6)のインストールを実施した。

（2）アラインメントの結果を可視化する

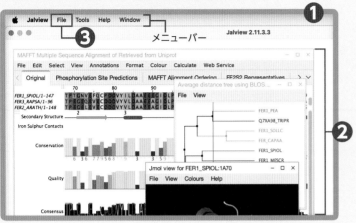

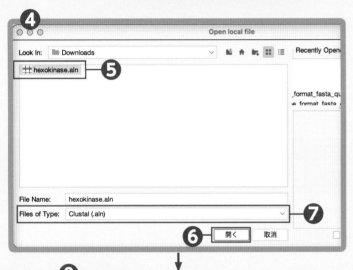

Jalviewを起動する

いよいよJalviewを使って，アラインメント結果を可視化していく。Jalviewを起動する（❶）。このとき同時にサンプルデータの解析例が出力されるが（❷），今後の解析ではこの結果は使用しないので閉じておく。

ファイルを選択する

パソコン画面の左上のメニューバー（「File」，「Tools」，「Help」，「Window」，❸）の「File」をクリックし，「Input Alignment」→「From File」で開いた画面（❹）からファイルを選択して（❺），開く（❻）。（環境によっては，次の操作をしなくても自動でファイルが開かれる場合もある），今回インストールしたバージョン（Jalview 2.11.2.6）では，下部の「Files of Type」の部分で，ファイル形式を「Clustal（.aln）」にする必要がある（❼）。

アラインメントの結果が可視化される

ファイルを開くと，アラインメント結果が表示される（❽）。上段にはアラインメントされた結果（❾）が，下段にはアラインメントの情報（Conservationなど）（❿）が可視化されている。この画面でマウスを動かすと，表示される配列の部位を移動できる。

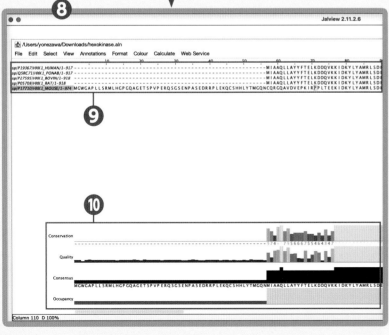

用語解説

アラインメント

2つ以上の配列を比較して，配列中に同じ順序で並んでいる文字列（ここでは塩基配列もしくはアミノ酸配列）や文字パターンを見つけること。

出典：『Dr.Bonoの生命科学データ解析 第2版』坊農秀雅，2021，メディカル・サイエンス・インターナショナル

多重配列アラインメント（multiple sequence alignment）

3本以上の配列をアラインメントすること。

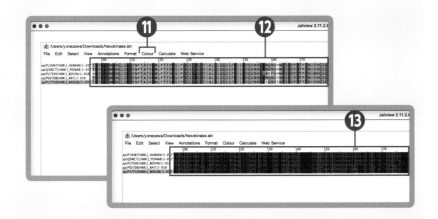

アラインメント結果の表示方法を変更する

前ページの❽の画面にさらに情報を追加することが可能である。たとえば，メニューバーの「Colour」(⓫)を選択すると，ClustalWで使用されるデフォルトの色や(⓬)，hydrophobicity(疎水性)による色分けなどが可能である(⓭)。ほかにも，Consensusのヒストグラムの部分をアミノ酸残基で表示するなど，さまざまな可視化方法が選べるのでぜひ試してみてほしい。

▶ 分子系統樹の作成

(1) 分子系統樹を作成する

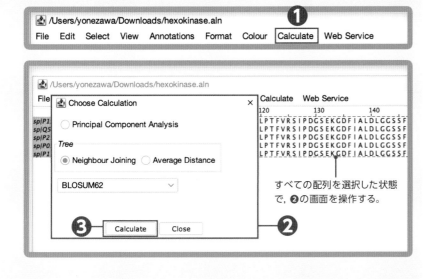

分子系統樹の作成方法，距離の計算方法を選ぶ

アラインメントされたデータをもとに，分子系統樹の作成を行おう。まず，アラインメント結果のページのメニューバーの「Calculate」(❶)から，「Calculate Tree or PCA …」を選択し，分子系統樹の作成方法，距離の計算方法をそれぞれ選ぶ(❷)。なお，このとき，すべての配列を選択しておく必要がある(Macではcommand+A，WindowsではCtrl＋A)。
今回の例では，neighbour joining(近隣結合)法，BLOSUM62を選択する。
設定を終えたあと，「Calculate」(❸)を押すと，すぐに分子系統樹が作成され，新しいウインドウで表示される(次ページの❹)。

用語解説

neighbour joining (近隣結合) 法

配列間の進化距離に基づいて，類似配列を段階的にまとめあげていくアルゴリズムである距離行列法の1つ。このアルゴリズムでは，分子系統樹のすべての長さの和が最小となるものを探索する。

BLOSUM62

アラインメント評価に用いられるスコア行列の1つ。多くの生物種から，ギャップがないタンパク質ドメインの配列を集めてクラスタを作成して比較し，どのような置換が起こりやすいか推定したものがBLOSUMスコアである。62は作成されたクラスタ内の配列の一致度が62%以上であることを示す。BLASTpなどの配列類似性検索でもこのスコア行列がデフォルトで選択されている。
出典：『進化で読み解くバイオインフォマティクス入門』長田直樹，2019，森北出版

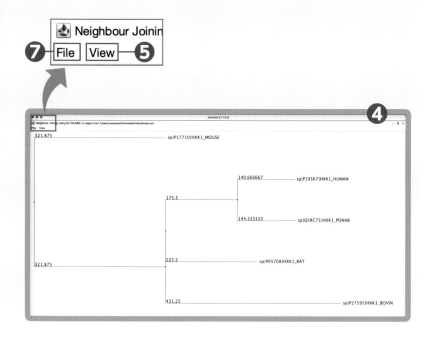

分子系統樹で表示する項目を選択

分子系統樹のウインドウのメニューバーの「View」
（**⑤**）では，分子系統樹で表示する項目が選択
できる。

この分子系統樹では，得られた系統樹がどのく
らい妥当であるかを示すブートストラップ値が
示されていない〔メニューバーから「View」→
「Show Bootstrap value」を選択すると「0」
であることが示される〕（**⑥**）。

クラスタの分割，画像の保存

分子系統樹の好きな位置でクリックすると，ク
ラスタの分割ができ，色も連動して変化する。
この系統樹の画像を保存したい場合は，左上の
メニューバーの「File」（**⑦**）から，newick形式，
EPS形式，PNG形式のいずれかのフォーマット
で保存することができる。たとえば，MEGA X
など別の系統樹描画ソフトでも表示したい場合
は，newick形式を選択して保存する。

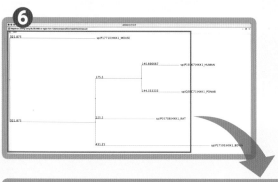

おっと 気をつけよう！

ブートストラップ値とは？

ブートストラップ値（ブートストラップ確率と
も呼ぶ）は，得られた樹形にどの程度統計的
信頼性があるかを示す数値。復元抽出と呼ば
れる方法を用いて，配列のサイトに対して疑
似アラインメントし，分子系統樹を作成する。
この操作を繰り返し行い（たとえば1,000回），
これらの分子系統樹のなかから，観察データ
から得られているクレードが何回現れるかを
割合または百分率で表した値。

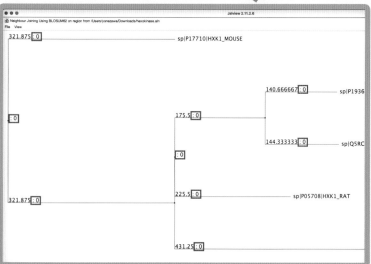

▶ Jalviewを経由して取得した配列の分子系統樹を作成する

(1)配列を取得する

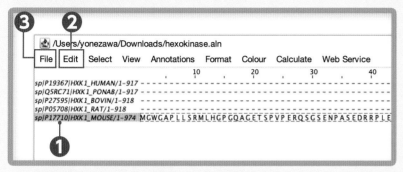

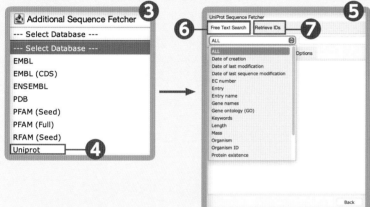

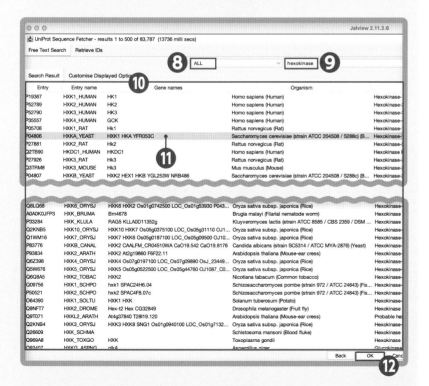

現在の配列を削除するには

作成した系統樹を改良したい場合，たとえば配列を削除して新たに別の配列を追加したい場合などには，Jalviewを経由して配列の取得，追加，再アラインメントが可能である。ここでは，マウスの配列を削除して，酵母のヘキソキナーゼ（UniProt accession: P04806）配列を取得することを考える。

配列の削除は簡単で，目的の配列をクリックして（❶），メニューバーから「Edit」（❷）→「Delete」を選択すると削除することができる。

新たな配列を検索

メニューバーから「File」（❸）→「Fetch Sequences」を選択すると，まず「Select Databases」欄が表示される（❸）。ここから，UniProtなどのさまざまなデータベースに，Jalviewを経由してアクセスが可能である。

UniProt（❹）を選択すると（❺），自由に配列を探索できる「Free Text Search」（❻）と，UniProtから直接配列を取得したときのようにIDを入力する「Retrieve IDs」（❼）を利用できる。今回はこの「Free Text Search」を利用する。

配列を取得

❺で「ALL」を選択し（❽），「hexokinase」と検索する（❾）（「ALL」の部分では，EC number（酵素番号）やGene Ontology（GO）などによる詳細な検索が可能である。）。数十秒程度で検索結果が表示され，Gene NamesやOrganismなどの情報を確認できる（❿）。酵母ヘキソキナーゼが上位でヒットしていたのでこの配列を取得する（⓫）。下部の「OK」（⓬）を押すと，以前取得した配列の下に酵母ヘキソキナーゼが追加されていることが確認できる。分子系統樹を作るためには新たに追加した配列を含めた再び行う必要があるので次に説明する。

(2) 取得した配列のアラインメントを行う

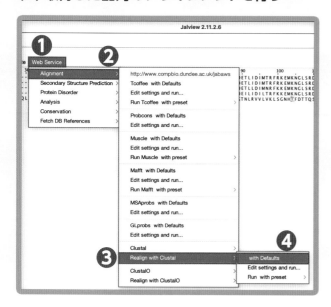

ClustalWを使用して再びアラインメント

では、Jalviewを経由してClustalWを使用する方法で、再びアラインメントする。アラインメントのウィンドウに戻ると、メニューバーの「Web Service」（❶）からさまざまな解析が行える。たとえば「Alignment」を選択すると（❷）、さまざまなアラインメントツールを選べる。今回は、同じようにClustalWを呼び出してアラインメントを行う。「Realign with Clustal」（❸）、そして「with Defaults」（❹）を選択する。

再アラインメントの結果と分子系統樹が出力される

計算が開始され、再アラインメントの結果（❺）と分子系統樹が（❻）新しいウィンドウに出力される。このように、Jalviewを経由して各種データベースにアクセスし、解析を行うことができる。

Tips　Jalviewについて
さらに詳しく知るには

- Jalviewホームページには、使用方法の説明などが丁寧に掲載されている（「Training」をクリック）。わからないことがあればこちらも参照されたい。
- 公式のYoutubeチャンネル（`https://www.youtube.com/@jalviewdundeeresourceonlin5424`）も開設されている。今回触れていないJalviewの使用方法（たとえばタンパク質の立体構造モデルを見るなど）について知ることが可能。2024年4月執筆時には、最新の動画として、タンパク質配列のデータベースであるUniProtから配列データを取得し、Alphafold2により立体構造モデルを可視化する方法がアップロードされているので興味があれば参考にしてほしい（`https://www.youtube.com/watch?v=6xDMFuYAbog`）。

(3) JalviewJSを使ってウェブブラウザで解析する

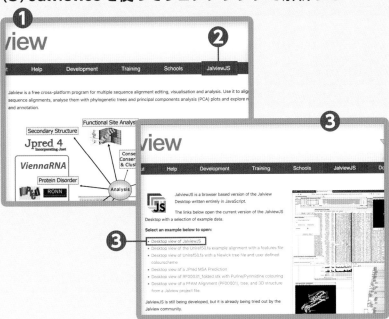

ウェブブラウザ版も使用できる

JalviewJSは，JavaScriptで書かれた，ウェブブラウザ上で解析を実行可能なツールだ。Jalviewのホームページ(❶)からアクセスでき，「JalviewJS」(❷) をクリックすると❸のページに移動する。「Desktop view of JalviewJS」(❸) をクリックすると数十秒の後，ウェブブラウザ上で起動する。

基本的には，スタンドアローン版と同様の操作が可能なのでとても便利だ。異なる点としてはデスクトップ版でメニューバーにあった「Web Service」が，本書作成時 (2024年4月時点) では使用できない仕様になっている。そのため，この章で紹介したように，ClustalWなど外部のホームページにアクセスしてデータを処理する必要がある。

TOGO▶TV
「Jalviewを使って配列解析・系統樹解析をする」
https://togotv.dbcls.jp/20220520.html

類似ツールとの使い分け

Molecular Evolutionary Genetics Analysis (MEGA)

MEGAでもJalviewのように多重配列アライメントや，その結果の可視化，分子系統樹の作成を行うことができる。2024年4月時点では， 統合TVで紹介されているMEGA7，MEGA Xに加え，MEGA11が，Windows，macOS，Linuxなどに対応したバージョンでインストール可能となっている (ただしM1 MacBookのようなARMアーキテクチャにはまだ最適化されていない)。詳細はホームページから確認できる (https://www.megasoftware.net/)。Jalviewとの大きな違いは，分子系統樹作成のための多様なオプションが備わっている点である。たとえば，系統樹の作成アルゴリズムはJalviewでは2種類選択できるが，MEGA11では確率モデル法である最尤法など5種類を選択できる。また本文でも述べた通り，Jalviewの分子系統樹では，樹形の信頼性を示すブートストラップ値の算出は行われないが，MEGAでは計算が可能である。もし系統樹をブートストラップ値を算出したうえで作成する場合はMEGAを使用することを推奨する。

まとめると，分子系統樹をより詳細に描画したい場合はMEGA，分子系統樹以外の情報 (2次構造や立体構造) も含めて探索したい場合はJalviewを使用する，と使い分けするのがよいのではないかと考える。あるいは，Jalviewを通じて，アラインメントした配列に関するさまざまな情報を探索，可視化して特徴を把握したうえで，分子系統樹に関してより詳細に解析したい場合にMEGAを使用するのがよいと考えている。それぞれのツールの強みを理解して，ぜひ研究を進めてほしい。

TOGO▶TV
「MEGA7を使って配列のアラインメント・系統解析を行う」
https://togotv.dbcls.jp/20171106.html

TOGO▶TV
「MEGA Xを用いた分子系統解析」
https://togotv.dbcls.jp/20191206.html

UCSC Genome Browserでゲノム地図とその注釈情報を調べて可視化する

▶ ▶ ▶ 森岡勝樹 理化学研究所 生命医科学研究センター 予防医療・ゲノミクス応用開発ユニット

UCSC Genome Browserは，世界で初めてヒトゲノム配列を公開した，インターネット上で利用できるゲノムブラウザである。遺伝子やmRNAといったさまざまなゲノム情報を，ゲノム地図上にその座標に基づいて図示することができるツールである。ゲノムブラウザは，昨今のゲノム解析を主軸とする分子生物学研究にはなくてはならないインフラであり，世界中の研究者が利用している。

ここでは，UCSC Genome Browserの根幹をなす機能の1つであるTrackHubとCustomTrackを利用して，公共データから必要な情報を取得する。さらに，これを独自データと並べることで，ゲノム上の位置の比較図を作成し，それをMy Sessionsで保存することで研究に活用する手順を説明する。

UCSC Genome Browserでできること

- ヒトからウイルスに至る1,000種類以上のゲノムについて，ゲノムの地図を見ることができる。
- 塩基配列を入力し，ゲノム上の同じ配列を高速に検索できる。
- ゲノム上の遺伝子位置や塩基配列に紐付いた注釈（アノテーション）情報の検索，抽出ができる。
- オリジナルデータをアップロードし，興味のある公共のゲノムデータとの比較図を作ることができる。
- カスタマイズしたゲノム地図のセッション情報の保存や，作成した図をIllustratorで編集可能な形式で保存することができる。
- ゲノムブラウザで遺伝子の座標情報を扱うためのスクリプトをダウンロードして利用することができる。

▶ UCSC Genome Browserの使い方

（1）UCSC Genome Browserにアクセス

https://genome.ucsc.edu

UCSC Genome Browserのホームページにアクセスしよう
トップページが開く（❶）。アクセスが混雑しているときには，ミラーサイトを選択してもよい（131ページのTips参照）。

(2) UCSC Genome Browser のトップページの見方

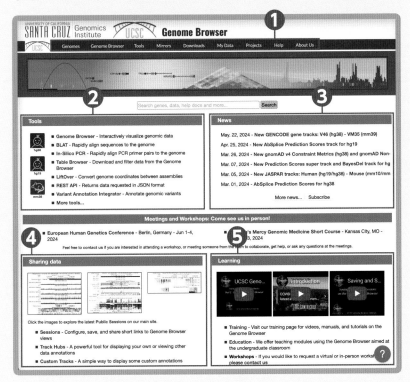

ミラーサイトへの切り替え

UCSC Genome Browserは, 本家である米国カリフォルニア大学サンタクルーズ校(UCSC)のサーバーと, ヨーロッパとアジアのミラーサイトの3種類がある。ミラーサイトへの切り替えは, メインメニュー (❶) の「Mirrors」から行う。アジアミラーサイト (http://genome-asia.ucsc.edu/) は, 我々理化学研究所が2016年から公開しているサーバーである。混雑状況が日や時間帯によって違うため, そのときの状況によってアクセス速度が速いサイトを選択するとよい。

トップページ上段 (❶) にはメニュー (以降**メインメニュー**と呼ぶ) が並ぶ。

下段には, 以下の項目が用意されている。これらの項目は, ユーザーがおもに利用するツールへのショートカットとしてトップページに列挙されている。

● **Tools (❷)**　UCSC Genome Browser の主要なゲノム地図とツールへのリンク。その他のツールについては, 「More tools...」もしくは, メインメニューの「Tools」からアクセスすることができる。

● **News (❸)**　UCSC Genome Browser の更新情報。ゲノムアノテーション情報がさまざまな機関から寄せられるので, 非常に頻繁に更新されている。「Subscribe」ボタンを押し, Google グループのメーリングリストに参加すると, Gmailを介して定期的に更新情報を取得することができる。 公式 X (旧 Twitter) アカウント (https://twitter.com/GenomeBrowser) でも確認できる。

● **Sharing Data (❹)**　UCSC Genome Browser の 公 開 セッション (Public Sessions) に登録されたデータについて, サムネイルとともに紹介している。また, 今回紹介する Sessions, Track Hubs, Custom Tracks といったゲノムブラウザをカスタマイズする3つの主要な機能に関するリンクが用意されている。

● **Learning (❺)**　UCSC Genome Browser の公式 Youtube チャンネルへのリンクや, マニュアル, チュートリアル, 使用事例が用意されている。ゲノム地図の図の表現でわからないことがあれば, 「Education」の中を読んでみるとよい。UCSC Genome Browser のチームに対面ワークショップを申しこむこともできる。

（3）My Sessionsからアカウントを登録する

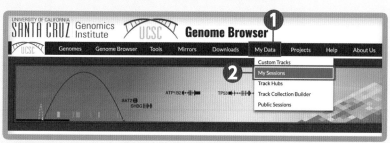

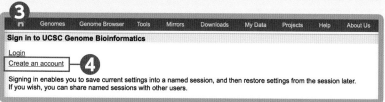

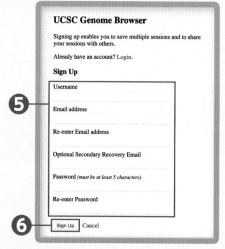

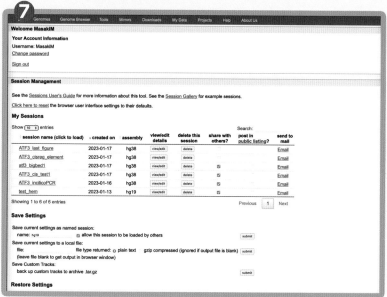

アカウントを登録する

UCSC Genome Browser を実際に研究に活用するなかで，トラック情報をカスタマイズすると，その設定情報を保存・復元する必要が出てくる。実際，論文作成のためにゲノム地図を作図するときには細かい修正の必要にかられることが多く，本機能はゲノムブラウザに必須である。My Sessionsはここで筆者が紹介する機能のなかで最重要と言って過言ではないので，以下の登録方法を参照し，ぜひ一度試していただきたい。

メインメニューの「My Data」（❶）から，「My Sessions」（❷）を選択する。

開いた画面（❸）で「Create an account」（❹）をクリックする。

登録情報を書き込む

アカウント登録に必要な情報を入力する（❺）。入力後，「Sign Up」をクリックする（❻）。筆者の経験では，およそ30秒後には登録に使用したメールアドレスに登録完了のためのURL情報が書かれたメールが届き，それをクリックすることでアカウント登録が完了する。このアカウントは，本家とミラーサイトのどちらでも有効になっており，保存したセッションの情報をいずれのサーバーでも利用することができる。

ログインする

My Sessionsに戻り（❸），「Login」から登録したユーザー名とパスワードを入力して，ログインすると，自動的にMy Sessionsの画面に移動する（❼）。

上段には，先ほどとは異なりWelcomeと記載されアカウント名が表示される。My Sessionsでは，ユーザーのトラック設定情報の保存と復元，その情報を第三者に公開するための設定画面が用意されている。設定方法については142ページ（セッションに名前をつけてトラック設定情報を保存する機能を紹介する項）で解説する。

（4）ゲノム地図には種類やバージョンがある

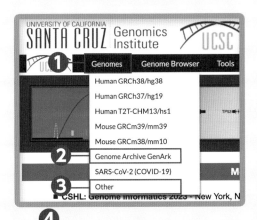

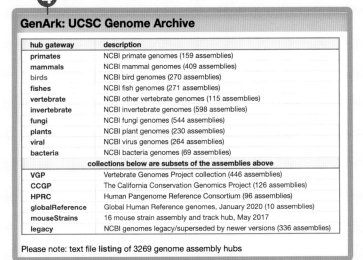

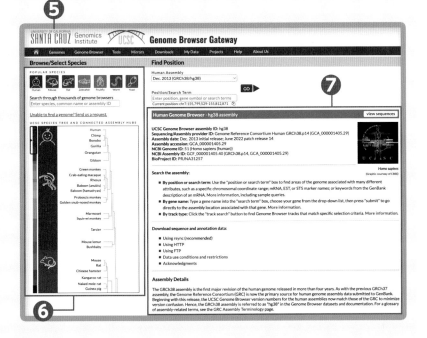

ゲノム地図の選択

メインメニューの「Genomes」にカーソルを合わせると（❶），よく利用されるゲノムとその他のゲノム情報へのリンクが表示される。ここに表示されていないゲノム情報を利用する場合は，「Genome Archive GenArk」（❷）や「Other」（❸）を確認する。

GenArkを確認する

GenArk（❹）は，UCSC Genome Browser上で可視化できるゲノムアセンブリのアーカイブになっている。各生物のゲノムが系統分類に基づいてまとめられており，必要なゲノムを探すときに便利である。

Otherを確認する

Other（❺）は，GenArkと同様に，UCSC Genome Browserで可視化できるゲノムを❻のデンドログラム（系統樹）から生物種別に選択できる。

また，❼にはゲノムアセンブリごとの詳細な情報がAssembly Detailsにまとめられており，コンティグ数，ギャップ情報，ゲノムプロジェクトの情報など，利用するゲノムがどのようにして組み立てられたものかを確認することができる。ゲノムアセンブリのバージョン間の違いがどのようなものか，などを理解することにも役に立つので，ぜひ確認してほしい。

ゲノム地図の基本的な使い方

（1）地図表示画面の見方

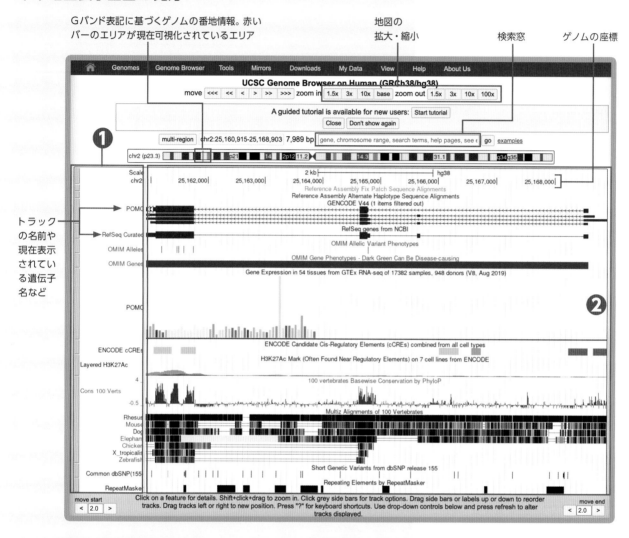

Gバンド表記に基づくゲノムの番地情報。赤いバーのエリアが現在可視化されているエリア

地図の拡大・縮小

検索窓

ゲノムの座標

トラックの名前や現在表示されている遺伝子名など

●トラック情報エリア（❶）：左端の灰色のバー1つが，1つのアノテーションのトラックに相当する。このトラックエリアでドラッグ＆ドロップすると，トラックの表示の順番を上下入れ替えることができる。

●アノテーション可視化エリア（❷）：アノテーション情報がトラックごとの設定ファイルに従って描画されている。この設定ファイル次第で多様な描画が可能で，遺伝子構造図や，ヒストグラム，ヒートマップ，棒グラフ，さらには系統樹まで描画することが可能である。また，マウスでドラッグしながら左右どちらかへスワイプすると，地図を見ながら表示する座標を動かすことができる。

トラック情報エリア，アノテーション可視化エリア

ゲノム地図の使い方の例として，先ほどのメインメニューのGenomesから，Human GRCh38/hg38を選択してゲノム地図を表示してみよう。ヒトゲノム地図では，POMC遺伝子座がデフォルト地図として表示される。

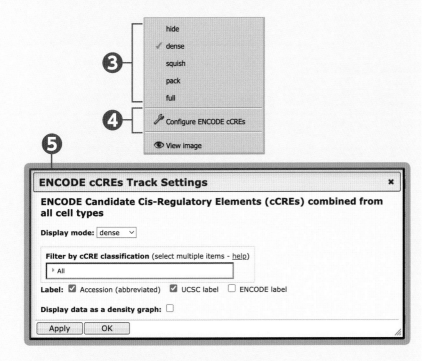

表示モード(hide, dense, squish, pack, fullなど)の変更

地図上のそれぞれのトラック上で,右クリックを押すとメニューが表示されるので,表示モード(**❸**)から以下が選択できる。

● Hide　トラックを隠す。

● Dence　情報を色の濃淡で縮約して表示する。

● Squish　上下間隔を凝縮してコンパクトに表示。

● Pack　トラック内の情報を1行のアノテーションとして表示。

● Full　トラック内の情報全体を表示。

また「Configure『トラック名』」(例では,ENCODE cCREs)(**❹**)を選択するとサブウィンドウが現れて,トラック内の描画情報を選択できる(**❺**)。

(2) ズーム表示する部分を選べる

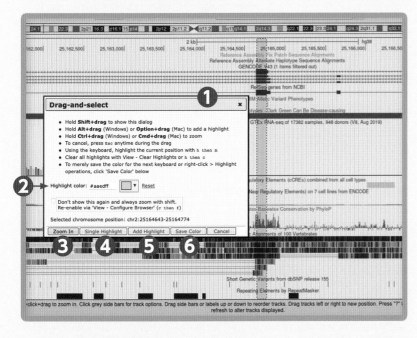

地図上の特定エリアの ズームとハイライト

アノテーション可視化エリア((1)の**❷**)でキーボードのShiftキーを押し,左クリックしたまま大きく表示(ハイライト)したい座標をなぞると,ズームとハイライトの設定メニューが表示される(**❶**)。

拡大表示もしくはハイライトするエリアは,青色のシャドーと点線で囲まれた選択エリアとなる。このハイライト機能は,論文の図や発表資料を作成する場合に重宝する機能であり,習得をおすすめしたい。この機能はのちほど利用する。

ズームとハイライトの設定

● Highlight color (**❷**):ハイライトの色設定。経験的には,水色,黄色,薄緑色,薄い赤色が見やすい印象がある。

● Zoom In (**❸**):選択エリアの拡大表示。

● Single Highlight (**❹**):地図上の1か所だけをハイライトする。ほかのエリアをハイライトした場合,古いハイライトは消える。

● Add Highlight (**❺**):複数箇所ハイライトする場合に利用。

● Save Color (**❻**):デフォルトの色やパレットにない色を作成した場合に色を保存する。

(3)トラックの表示方法を設定できる

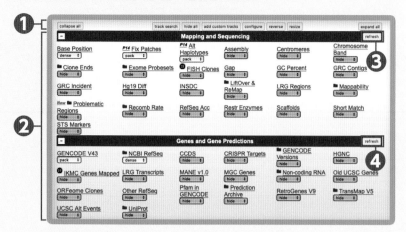

トラックの調整ボタン（❶）は8つある

- collapse all：❷のアノテーショントラックのボタンをすべて非表示。
- track search：トラックの検索。
- hide all：地図座標を除いてすべてのトラックを非表示。
- add custom tracks：作成したトラックをゲノム地図に追加するCustom Trackへのショートカット。
- configure：ゲノム地図の図の大きさ，ラベルの大きさ，フォント，表示するアイテムや，トラックの設定。
- reverse：地図の座標を左右入れ替え。
- resize：ブラウザの画面幅に合わせて地図の大きさを調節。
- expand all：❷のアノテーショントラックのボタンをすべて表示（デフォルトでは，すべて表示されている）。

Track Hubに登録されているトラックデータは，さまざまな研究機関が独自に公開しているデータが多く，研究機関の都合によって，トラック情報が突然閲覧できなくなる事態も起こる。その際は，UCSC Genome Browserのチームのメーリングリスト（genome@soe.ucsc.edu）に相談してみてほしい。

トラックの表示の調整

ゲノム地図の下には，アノテーショントラック（単にトラックとも呼ぶ）のボタンが用意されている。

調整ボタン

一番上（❶）にあるのはトラックの調整ボタンで，現在表示しているゲノムブラウザ全体に影響を与える。

アノテーショントラック

❷にはゲノム地図に載せるアノテーショントラック情報を選択するためのボタンがHubごとにまとめられて表示されている（例では，Mapping and SequencingというHubに収録されているトラックがBase Positionを筆頭に表示されている）。ゲノム地図にすでに表示されているアノテーションのボタンは白く，表示されていない情報は，灰色で表示されている。表示したい情報のボタンをクリックして，表示方法を選択したあとに，それぞれの右上にあるrefreshボタン（❸，❹）を押すとゲノム地図が更新され，選択したアノテーションが表示される。また，各アノテーションの名前をクリックすると先ほども紹介したトラック内の描画情報の選択画面が表示される。

公共データをTrack Hubに追加して表示する

Track Hubには，さまざまな公共のゲノムデータが登録されており，必要に合わせて表示を変更することができる。また，Custom Trackでは，ゲノム地図上にオリジナルデータなどを載せるために，ファイルをアップロードするか，データを設置している場所（URL）を指定することでトラック情報として読みこみ，併せて図示することができる。今回は転写因子であるATF3の遺伝子座について，その上流シス領域に注目して解析する。公開されているATF3のChIP-seqデータをブラウザに加えてATF3が自身の転写制御（autoregulation）に関係している可能性を示唆するデータを作成する。

(1) Track Hubsから公共データを検索する

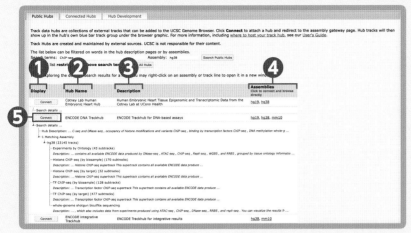

Track Hubsを開いて検索

メインメニューの「My data」から,「Track Hubs」を開く。Track Hubsでは,検索ワードを入力し,UCSC Genome Browserに登録されている接続可能なデータ間を横断的に検索することができる。Search termsに細胞株名やChIP-seqのターゲット(例:転写因子やヒストン修飾)など,どちらを入力しても検索可能である。

例として,「Search terms」 に ChIP-seq,「assembly」 に hg38 を入力して「Search Public Hubs」をクリックした結果を示した。

- Display(❶):「Connect」を押すとHub Nameに記載されたHubが接続される。
- Hub Name(❷):Hubの名前。接続するとゲノム地図の下段にこのHubのトラック情報がすべて現れる。
- Description(❸):Hubの説明。
- Assemblies(❹):Hubのなかにあるトラックが対応しているゲノムバージョンが示されている。自分の興味のあるデータがどのゲノムバージョンで閲覧できるか必ず確認しておく。今回は,hg38を利用する。

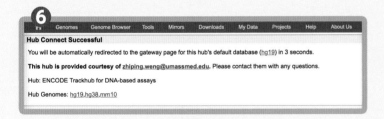

Hubに接続する

❺のConnectボタンをクリックして,Hubに接続する。Hub Connect Successfulと書かれた画面が数秒表示され(❻),画面はトップ画面に戻る。メインメニューのGenomesから,再びヒトゲノムのGRCh38/hg38を表示する。

(2) 追加トラックの表示を設定する

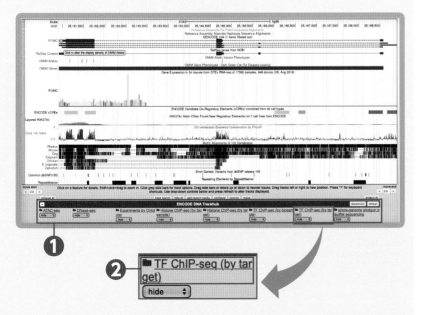

ChIP-seqのトラックを探す

下段のトラック情報(❶)にもENCODE DNA Trackhubが先頭に表示され,このHubの中にあるトラック情報が並んでいる。ENCODE DNA Trackhubにはさまざまなデータが収録されているが,今回調べようとしているATF3のChIP-seqデータは,「TF ChIP-seq (by target)」と「ChIP-seq (by biosample)」というトラックコレクションに収録されている。さらにこのトラックコレクションの中から,ATF3のデータのみを表示するために,「TF ChIP-seq (by target)」(❷)の文字をクリックする。

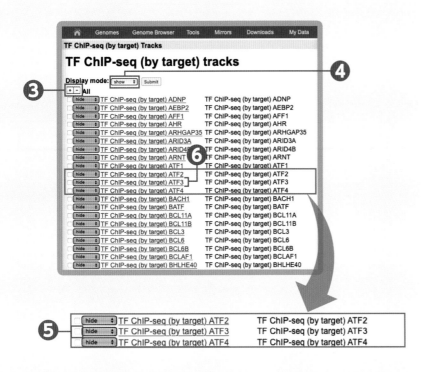

ATF3のデータを開く

たくさんのChIP-seqデータが収録されていることがわかる。このなかから興味のある転写因子（今回はATF3）にチェックを入れる前に以下のように設定しておく。

すべてのトラックを一括で表示，非表示する＋/－ボタン（❸）。一見，すべてDisplay modeがhideになっている印象をうけるが，実はデフォルトで（下の方にある）ZNF584がONになっているので，❸のマイナスボタンを押して，非表示にしておく。

Display mode（❹）をshowにしておく（右のSubmitは押さない）。

ATF3のチェックボックス（❺）にチェックを入れ，その右の「TF ChIP-seq（by target）ATF3」の文字（❻）をクリックして，リンクされたページに進む（❼）。

追加のトラックの表示を設定する

この画面では，データの可視化の設定を行うことができる。トラックのサイズからスケーリング，smoothing設定まで，以下のようにさまざまな描画設定を行うことができる。設定したらSubmitボタン（⓫）を押す。

● ChIP-seqデータをクローズアップして見せたいときは，Track heightの数値を大きくする（❽，たとえば30にする）。図が見やすくなるのでおすすめ。

● Windowing FunctionをMaximumに設定（❾）

● ⓾の「＋」ボタンを押して，すべてのトラック情報を有効化する。

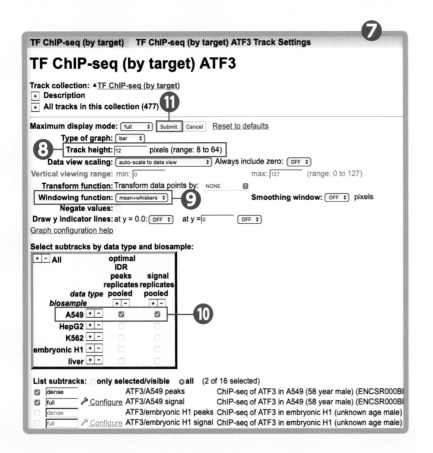

(3) Chip-seqのデータを図示する

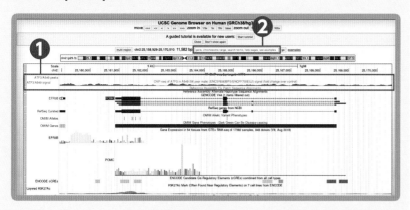

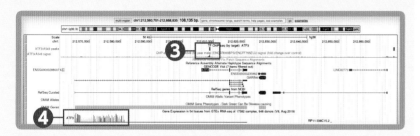

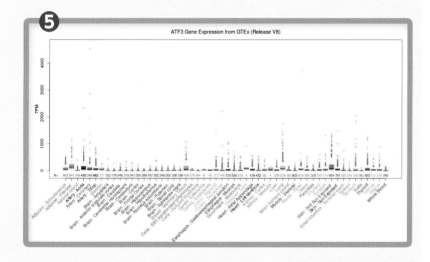

ATF3のデータが表示される

画面は再度ゲノム地図に戻り，ATF3のピーク
が最上段に表示されていることがわかる（❶）。

興味のある*ATF3*のターゲット遺伝子として，
*ATF3*遺伝子に移動する。検索窓（❷）にATF3
と入力し，入力候補に出てきた項目をクリック
する。

画面が更新され，*ATF3*遺伝子周辺のゲノム地
図が表示される。その後，×3ズームアウトを
して調整した。
ATF3のChIP-seqピークが*ATF3*遺伝子のプ
ロモーター領域にシャープに局在している図
ができた（❸）。

遺伝子の組織別の発現量を確認する

❶の図の中にある❹の棒グラフのサムネイル
をクリックすると，GTExの組織別の遺伝子の
発現量が拡大表示される（❺）。

このような手順を繰り返せば，自分の興味のあ
る遺伝子に公共データからどのような転写因
子が結合するのか，さらに組織ごとのmRNA
発現量についても同時に確認ができる。

▶ オリジナルデータをCustom Trackに追加して表示する

（1）Custom Trackを追加する

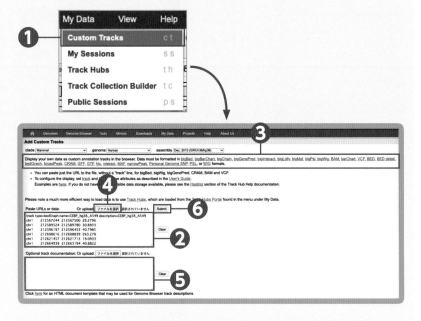

Custom Tracksでは，ゲノム地図上に発現量などのオリジナルデータなどを載せるために，ファイルのアップロードや，データを設置している場所（URL）を指定することでトラック情報として読みこみ，ゲノム地図に図示することができる。

Custom Trackにデータを入力する
メインメニューのMy Dataから，Custom Tracksを選択する（**❶**）。

Add Custom Tracksの画面から，オリジナルのトラック情報の入力やアップロードを行うことができる。ここでは例として，A549細胞におけるCEBPBのChIP-seqデータからのpeak座標の一部を抜粋したもの（BEDフォーマット）を入力する（**❷**）。アップロードにともなう設定を左図下に説明する

- Custom Tracksは，さまざまなファイル形式を受け取ることができる（**❸**）。詳細については，それぞれの名称をクリックするとそのファイル形式を確認することができる。
- **❸**のファイル形式の中でテキストで書かれているものは，コピー＆ペーストで入力することができる。今回は，BEDフォーマットの中のbedGraph形式のデータをペーストした。bedGraph形式は，染色体名，領域の開始位置，終了位置，スコアの順にタブ区切りで入力するシンプルな形式である。また，以下のような設定情報をデータより上の行に入力することができる。
  - ・track type：トラックのファイル形式の指定。設定を記載する場合は必須項目。
  - ・name：トラックの名前。ゲノム地図のトラック右側と下段トラック情報に表示される名前になる。
  - ・description：トラックについての情報を記載できる。
- **❹**はファイルをアップロードするボタン。**❷**と同様にファイルサイズに制限があるので，小さなファイルに加工してアップロードすることをおすすめする。
- **❺**はアップロードしたファイルの詳細について記入ができる。アップロードしたファイルのトラック情報を閲覧すると，ここに記載した情報が表示される。

❼はSubmit（**❻**）後の画面。複数トラックを読みこんでいる場合，ここで管理ができる。return to current positionボタン（**❽**）を押して，ATF3遺伝子座に戻る。

(2) オリジナルデータを表示する

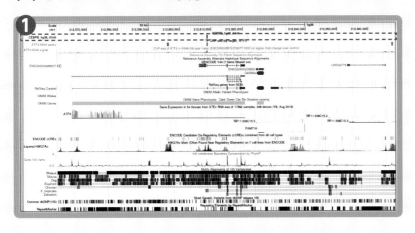

CEBPのデータが表示される

再びゲノム地図に戻ると，オリジナルデータであるCEBP_hg38_A549がゲノム地図上に表示された（❶）。このデータは，Peakの高さがスコアとして存在し，Peakが高いほど濃く表示されている。

以上のようなステップで，オリジナルデータと公共データを地図上に表示することができた。次に，ゲノム地図とアノテーションをよりわかりやすくレイアウトし，セッションや画像として保存していくことにする。

▶ 地図レイアウトを見やすく調整して保存する

最後に，ATF3のChIP-seqやオリジナルデータの例（CEBP_hg38_A549）や，cCRE（candidate of cis-regulatory element）などのエピゲノム情報のトラックを近くに配置して，興味ある遺伝子ATF3の転写制御をより見やすく図示してみよう。ここでは，すでに紹介した機能を駆使して，論文やプレゼンテーションに使えるように情報を整える。

(1) トラックの移動とハイライト

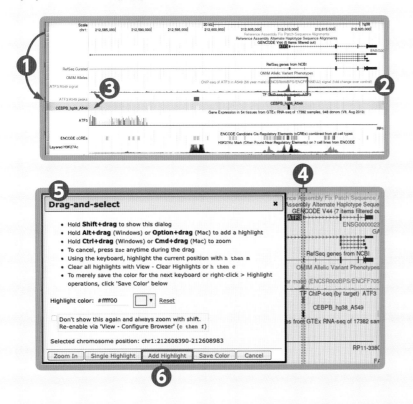

トラックをドラッグして移動させる

トラックの位置は，ドラッグすることによって入れ替え可能である。ドラッグして，トラックを遺伝子構造図付近に移動する（❶）。
ATF3のPeakを強調するために，トラックを広くする。トラック上で右クリックをして，configureを選択，heightの欄を30に調節した（❷）。
ATF3のトラックは，トラックコレクションとしてsignalとpeaksの2つの情報が1つにまとめられているが，この順番もドラッグ&ドロップで入れ替えることができる（❸）。

プロモーター領域のハイライト

次に，ATF3遺伝子のプロモーター領域をハイライトする。まずプロモーター付近を❹のようにShift＋左クリックで囲み，Drag-and-select画面（❺）を表示する。好きな色を選択し，❻のAdd Highlightを押す。

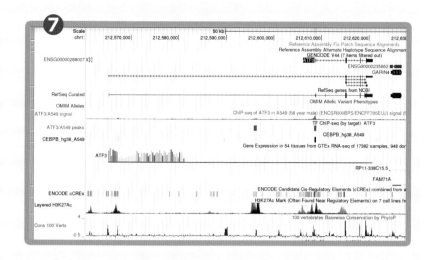

ゲノムブラウザ上での表示

❼の図は，ATF3遺伝子全体がきれいに地図上に表示されるように調節したあとのものである。以上の手順で，ATF3がATF3自身のプロモーターに結合し，直接自分の遺伝子発現を制御していること，その領域にCEBPBの結合があり，cCREがオーバーラップしている様子をハイライトで図示できた。オリジナルデータと公共データを比較する図の完成である。最後にこの図を論文用に保存する方法を紹介する。

（2）セッションの保存と地図の画像の保存

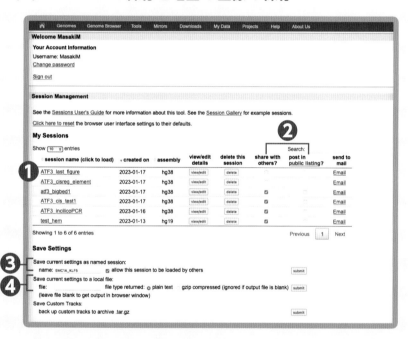

Session Managementでセッションを保存

以上の過程で苦労して作図したものを，再度作り直すのは大変である。このようなときにセッションの保存は便利なので必ず習得してもらいたい。メインメニューのMy Dataから，My Sessionsへ移動する。

Session Managementでは，セッションの保存に関するさまざまな設定が行える。ここでは，UCSC Genome Browser上でのセッションの保存を行った結果を紹介する。左図下のように設定した後，❸に名前を入力し，submitボタンを押す。

●❶に保存されたセッションの名前が記録されている。

●❷は保存されたセッションをPublic Hubとよばれる公開情報で閲覧可能にするかどうかのオプション。Public Hubでは，いろいろな人のセッション情報を閲覧できるので，トラックセッティングを学習したりすることもできる。このオプションで公開するには，view/edit detailに説明文を記載し，share with othersのチェックとpost in public listingにチェックを入れる必要がある。

●❸セッションの保存。名前をつけて保存する。ここにも他の人にも閲覧できるようにするかどうかのチェックボックスがある。セッションを保存してもCustom Tracksの情報は保存されない点に注意する。

●❹セッションをローカルにファイルとして保存する。先ほどCustom Tracksを利用しているので，最終的にはこちらで保存することをおすすめする。保存したファイルは，Save Settingsより下段にあるRestore SettingsのUse settings from a local fileから読みこむことで復元することができる。

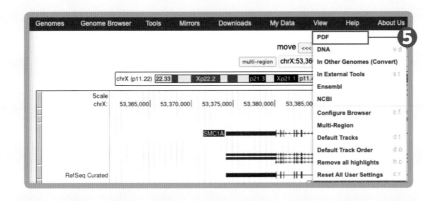

ゲノム地図を画像として保存

最後に画像として保存する方法を紹介する。以前はPDFもしくはEPS形式での保存が可能であったが、現在ではPDFでの保存のみ可能となっている。

メインメニューのViewを選択し、PDFをクリックする（**5**）。

クリックするとPDFがダウンロードできる。このPDFは、Adobe Illustratorで編集が可能な形式なので、細かい調整と高解像度での編集が可能である。

以上のように、UCSC Genome Browserのゲノム地図の使い方から、公共データの接続、オリジナルデータの入力、論文のfigureに使える図の作成と保存について実践的な手順を述べた。この他にもさまざまな機能がUCSC Genome Browserには用意されている。その他の点に関しても詳しい動画が英語と日本語の両方で用意されており、筆者も統合TVで解説しているのでぜひご覧いただきたい。

TOGO TV

統合TVで「UCSC」というキーワードで検索した結果
https://togotv.dbcls.jp/result.html?query=UCSC&type=manual&page=1

TOGO TV

統合TVの講演による解説動画
https://togotv.dbcls.jp/result.html?type=lecture&page=1&query=UCSC

YouTubeのUCSC Genome Browser
公式チャンネル
https://www.youtube.com/@ucscgenomebrowser

どんな場面（研究／実験／解析／操作）で利用すると便利か

- プライマーの設計、ホモロジー検索。
- 独自のデータと公共データの比較解析。
- 論文用の遺伝子周辺図の作成。
- 公共データから、興味のある遺伝子やゲノム位置について調べ、実験するときの足がかりとなる情報を得る。

など。

類似ツールとの使い分け

UCSC Genome Browserは、他のゲノムブラウザに比べて、公共データへの接続が容易である点や、他の周辺ツールが充実している点が魅力である。一方でオリジナルデータのアップロードをためらう人もいるだろう。そのようなケースには、IGV（Integrative Genomics Viewer）やIGB（Integrated Genome Browser）などのゲノムブラウザを利用するという使い分けをおすすめしたい。
IGV：https://software.broadinstitute.org/software/igv/
IGB：https://www.bioviz.org/

公開されている遺伝子発現データをExcelで解析する

太田紀夫 科学技術振興機構情報基盤事業部 NBDC事業推進室

日米欧のデータベースセンターでは，膨大な数の遺伝子発現データを公開している。その1つであるNCBI GEO（NCBI Gene Expression Omnibus）では，2024年5月時点で22万以上の実験セットの710万サンプル以上もの遺伝子発現データが公開されている。日々蓄積されているこれらの遺伝子発現データは，主にRNA-seqやDNAマイクロアレイという手法で測定されたもので，登録データ数は世界最大である。生物種としては，ヒトとマウスが約8割を占めるが，その他にも多種多様な生物種のデータがある。また，稀少疾患の患者サンプルなどの，通常入手が困難な貴重なサンプルのデータも多数含まれている。

これらのデータの中には論文化されていないものも多く，自分の実験結果の検証や新たな仮説構築に利用できる。既にデータがあるので実験せずにすぐに解析できること，そして何よりもタダなので，誰にも気兼ねせずに解析できる点は大きなメリットだ。

こうしたデータの解析はインフォマティクスに長けた人がプログラムを書いて行うものと思われがちだが，そんなことはない。ふだん使っているExcelでも，かなり高度な解析ができる。このコラムでは，NCBI GEOからダウンロードした遺伝子発現データをExcelで解析する方法の概略を紹介しよう。

どんな解析ができるか

NCBI GEOから自分の興味のあるデータをダウンロードし，それをExcelで解析するとどんなことができるだろうか。まず，見たい遺伝子や特定の機能の遺伝子群の発現情報を調べることができる。そして，サンプル間で発現が有意に変動している遺伝子のリストを作成できる。また，その遺伝子発現をグラフで可視化することができる。

この発現が変動する遺伝子のリストは，DAVIDやChIP-Atlasなどのさまざまなツールと組み合わせることで，さらに高度な解析に発展させることができる。

このコラムで紹介するのは，マウス褐色脂肪細胞と白色脂肪細胞の初代培養細胞の遺伝子発現データをダウンロードして，発現が変動した遺伝子のリストを作成し，それをVolcano plotという手法で可視化するという作業である。

まずNCBI GEOにアクセスしてみよう

NCBI GEOのトップページを開き（**図1**），検索窓にキーワードを入力すればデータを検索できる。データは，生物種やデータのタイプ，実験の種類などで絞り込んでいける。あるいは，すでに

GEOの登録番号（GSE番号など）がわかっている場合には，その番号を直接入力して検索できる。

登録されているデータのタイプには4種類があり，記号で識別される。通常は，GSEとGPLというタイプのデータを使って解析することが多い。GSEは実験セット（実験シリーズ）であり，一連の実験のまとまりが登録されている。それに対して，サンプル1つ1つのデータはGSMという記号で示される。GPLは何かというと，DNAマイクロアレイやNGS（次世代シークエンサー）といったプラットフォームに関するデータである。4つめのタイプはGDSで，GDSブラウザなどで解析できるようになっているデータだが，登録データのごく一部にしか適用されていないので（4,348個のGDSが作成されたところでプロジェクトが終了している），一般的にはあまり使用されない。

GEOのデータをダウンロードする

ここでは，登録番号「GSE7032」のデータを使用しよう。これは，マウス褐色脂肪細胞と白色脂肪細胞の前駆細胞の分化過程で働く遺伝子の発現を，DNAマイクロアレイを用いて解析した実験のデータである。DNAマイクロアレイは，基板に固定されたプローブと調べたい遺伝子との間の結合を発色シグナルの強度で測定する方法だ。

GSE7032で検索してそのページを開くと，実験の日時，研究のタイトル，生物名，研究のサマリー，生データなどさまざまな情報が記載されている。

まず，プラットフォームに関する情報が書かれているデータを

図1 NCBI GEOのトップページ

https://www.ncbi.nlm.nih.gov/geo/

「GPL81」のボタンからダウンロードする。それには，DNAマイクロアレイに搭載されているプローブの番号とそれに対応する遺伝子情報(遺伝子IDや遺伝子オントロジーなど)が記載されている(**図2**)。

次に，「Series Matrix Files (s)」のボタンから，GSEのデータをダウンロードする。これには，サンプルの遺伝子発現の測定値(シグナル値)がマトリクス形式で記載されている(**図3**)。このデータを詳しく見てみると，上段には実験セット情報が，次にはサンプル情報が記載され，その下段にシグナル値の一覧がマトリクス形式で掲載されている。シグナル値は，各プローブごとにサンプル番号とともに記載されている。

解析しやすいようにExcelファイルを整える

ダウンロードしたデータを用いて遺伝子発現を解析していくには，解析しやすいようにファイルを整える必要がある。まず，GPLファイルとGSEファイルを合体させて，GPLの遺伝子情報とGSEのシグナル値情報が対応できるようにしなくてはならない。それぞれの情報はプローブ番号ごとに記載されているが，プローブ番号の記載順はそれぞれのファイルで異なっている可能性があるので，データを対応させるには注意が必要である。何しろプローブの数は膨大(GSE7032の場合1.2万個以上)なのである。こういうときに役に立つのが，ExcelのVLOOKUP機能だ。VLOOKUP機能の使い方の詳細はここでは触れないが，便利な機能なので習熟しておくとよい。

また，GSEファイル中のサンプル情報についても，少し工夫しておくと後の解析で便利になる。どうするかというと，サンプル情報の行と列を入れ替えて，参照しやすいようにしておく。行と列の入れ替えは，これもExcelの機能を使えば一瞬でできる。

シグナル値をもとに
発現が上昇している遺伝子を選抜する

前項で，プローブ番号，遺伝子情報，サンプル番号とシグナル値が記載されたExcelファイルが用意できた。では，いよいよ遺伝子発現を調べていこう。次のような作業を行い，褐色脂肪前駆細胞と白色脂肪前駆細胞の間で発現が変動している遺伝子(プローブ)を選抜していく。

1) 数値の分布を確かめる

シグナル値におかしい値が含まれていないかどうか当たりをつけるために，数値の分布を表にする。Excelのシグナル値の上方に空白行を挿入し，Excelの機能(COUNTA，MAX，PERCENTILE，MIN，AVERAGE，MEDIAN)を使って数値の分布表を作る(**図4**)。シグナル値のクオリティコントロールを行い，統計の信頼データ区間を判断する上で数値分布の把握は必須である。

2) シグナル値の群平均値を計算する

Excelのシグナル値の右側に，変動プローブを選抜するための表を付け加えておく。 まず各群の平均値を，Excelの機能AVERAGEで計算した表を置く(**図4**)。

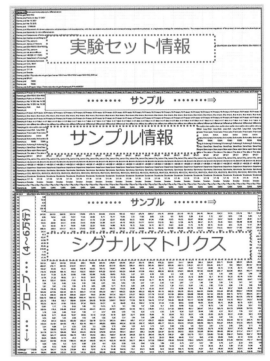

図2 ダウンロードしたGPLデータ
Excelで開いた画面

図3 ダウンロードしたSeries Matrixデータ
Excelで開いた画面。上段には実験セット情報，中段にはサンプル情報，下段にはシグナル値が書かれている。

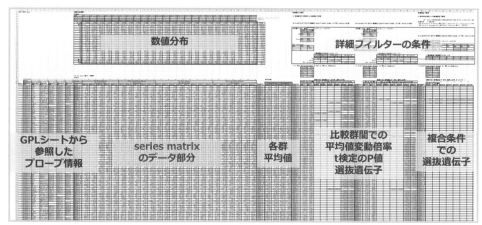

図4　変動比とP値で変動遺伝子を選抜するためのExcelのシート
GPLとseries matrixのデータを統合した表に，数値分布，各群平均値，変動比（変動倍率）とp値などの表が加えら，変動プローブ（遺伝子）が選抜されている。

図中のラベル：
数値分布
詳細フィルターの条件
GPLシートから参照したプローブ情報
series matrixのデータ部分
各群平均値
比較群間での平均値変動倍率 t検定のP値 選抜遺伝子
複合条件での選抜遺伝子

3）変動比とP値を計算する

　群平均値の表のさらに右側に，群平均値をもとに，変動比（比較群間での平均値変動倍率）とt検定のP値を計算した表を作成しておく（図4）。

4）発現が変化している遺伝子を選抜する

　変動比とP値の表から，褐色脂肪前駆細胞と白色脂肪前駆細胞の間で変動比が2倍以上，かつP値が0.05未満のプローブを選抜する。プローブを選抜するときは，Excelのフィルター機能で詳細を設定することで選抜を行えば，変動比や対象のプローブなどをいろいろ変更して選抜を行える。

　なお，変動比とP値に加えて，「特定の機能に関連する遺伝子」という条件を加えて選抜することもできる。それを行うには，各プローブに対応するGO Biological ProcessのデータをExcelの表に加えて，そのデータから必要な機能を選抜していけばよい。

選抜した遺伝子の発現を可視化する

　変動比とP値にもとづいて選抜したプローブ（発現が変動した遺伝子）のリストをVolcano plotによって可視化した例を図5に示す。また，選抜したプローブのシグナル値のグラフ化は，これもExcelの機能で簡単にできる（図6）。

　このコラムで示した解析方法の具体的な詳細については，本書のウェブサイトからダウンロードできるので参照されたい（`https://github.com/hiromasaono/DigitalTools4LS`）。

統計解析をさらに発展させる

　冒頭でも触れたように，ここで解析した結果を別なツールと組み合わせることで，解析をさらに発展させていくこともできる。DAVID（`https://david.ncifcrf.gov/`）と組み合わせると，遺伝子の機能やパスウェイ解析ができる。ChIP-Atlas（`https://chip-atlas.org/`）のEnrichment Analysisと組み合わせると，関与する転写因子やエピゲノムの状態を予測できる。また，GlyCosmosのGlycoMaple（`https://glycosmos.org/glycomaple`）と組み合わせると，細胞の糖鎖構造変化を予測できる。

　また，ここではマイクロアレイのデータを使った解析例を紹介したが，RNA-seqのデータでも同様に解析できる。ただし，GEOでは計算された定量値が公開されていないデータセットも多いので，その場合は，Digital Expression Explorer 2（DEE2）

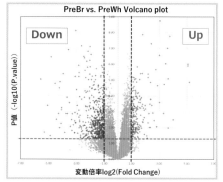

図5　発現が上昇した遺伝子と低下した遺伝子をVolcano plotで可視化。

ここでは2を底とする対数値で変動量を示している。

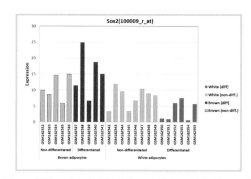

図6　変動のあった遺伝子のシグナル値をグラフ化

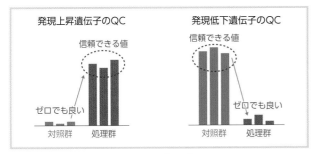

図7　クオリティコントロールの考え方

発現上昇遺伝子は上昇後の, 低下遺伝子は低下前のシグナル値で評価する。本文参照。QCはクオリティコントロール。

（https://dee2.io/）にアクセスすれば, GEOの多くのRNA-seqの定量化データが公開されているので利用できる。

統計解析で気をつけたいこと

発現シグナルのクオリティコントロールはなぜ必要か

このコラムの後半では, Excelを使う使わないに関係なく, 遺伝子発現の統計解析で一般的に気をつけたいことをアドバイスとして付け加えておく。

小さな計測値はばらつきやすく, 意味のないデータポイントほど変動比が大きくなる。そのため, 信頼できるデータ区間を見極め, 適切な条件でクオリティコントロール（信頼性の低いデータの排除）を行う必要がある。「対照群・処理群ともに検出限界以上」という条件では, 全く発現していなかった遺伝子が発現してくるケースや, もともと発現していた遺伝子の発現がなくなるケースなど, 生物学的に重要なオン・オフのスイッチを見落とす。そこで, 発現上昇遺伝子は上昇後の, 低下遺伝子は低下前のシグナル値で評価してクオリティコントロールを行う（図7）。

測定系の検出限界と信頼できるデータ区間について

マイクロアレイでもRNA-seqでも, 技術的な検出限界を踏まえて信頼できるデータ区間を考慮することが重要だ。Affymetrix 3'-IVT GeneChipでは条件が整えば10^3程度のダイナミックレンジで約1万2千遺伝子が, Agilentマイクロアレイでは$10^4 \sim 10^5$のダイナミックレンジで約1万6千遺伝子が検出できる。一方, RNA-seqでは総リード数によって信頼区間が変わる。Affymetrix GeneChip相当の感度を得るためには, シングルリード換算で少なくとも2,000～5,000万リード程度, ペアードエンドではその2倍の総リード数が必要と言われている。DEE2（https://dee2.io/）の基準では, 十分なリードがあるRNA-seqデータは公開データのわずか2割程度という数字も示されているので, RNA-seqデータを見るときは注意が必要である。詳しくは, AJACSオンライン8の講義資料や動画を参照されたい。

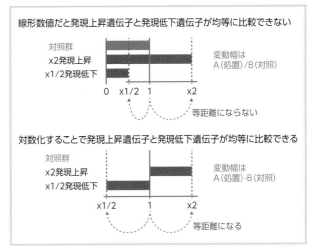

図8　変動比を対数で扱う理由

慣習的に対数の底は「2」を使うことが多い。

発現変動は対数値で扱う

2倍に上昇したケースと半分に低下したケースを等距離の変動として扱うため, 通常, 発現変動は2または10を底とする対数値で扱う（図8）。ExcelではLOGを用いて変動比を対数値に変換する。

なお対数以外にも+/−で示したFold Changeで示す場合もある。

意味のある群分けについて

「コントロール群 vs. 処理群」,「健常群 vs. 患者群」というように, A群とB群に群分けをして解析をすることが多い。例えば,「健常群 vs. 患者群」という群分けをする場合,「健常群」や「患者群」が本当に均質な「群」として扱える集団かどうかを見極める必要がある。

連続する属性に閾値を設定してA群とB群に分けて変動比とP値で差分比較をすると, 誤った結果を導く場合があるので注意されたい（たとえば, 身長150cm以上をA群, 150cm未満をB群とするような群分けに意味はない）。

ばらつきの大きな少数サンプルに適した解析手法

統計処理上は平均値を群代表値とすることが多い。また, P値は群間の平均値の差と群内のばらつきの差を評価しており, 変動比の基準はコントロール群の平均値にしている（図9）。一方, ばらつきが大きい少数サンプルのデータセットでは, 平均値は外れ値の影響を受けやすい。GitHubに紹介した少数の臨床サンプルの解析例（ケース2）では, 対照群の中央値（メジアン）を基準とした変動サンプルの頻度を評価することで, 変動プローブを選抜する手法を示したので, 参考にしていただきたい。

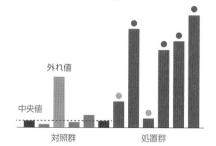

群内のばらつきが小さい場合

平均値

平均値

対照群　処置群

ばらつきが小さくN数がある場合は，t検定（2群）や ANOVA（3群以上）などの検定手法で，平均値の比とP値から変動遺伝子を抽出するとよい

群内のばらつきが大きい場合

外れ値

中央値

対照群　処置群

ばらつきが大きい場合やN数が少ない場合は，中央値を対照群の代表値として個別サンプルごとの変動を算出し，3/6以上とか4/6以上などの頻度条件で変動遺伝子を抽出するとよい

図9　平均値と中央値

群代表値はばらつきが小さいか大きいかで，平均値と中央値のどちらを使うか決める。なお，t検定やANOVAで変動遺伝子を抽出する場合は，中央値ではなく平均値を群代表値として使う。

選択条件と選抜される遺伝子機能のバイアスについて

遺伝子発現のダイナミックレンジは10^6程度と考えられている。高発現の上位10^2には構造や代謝・生合成関連の遺伝子が多く，細胞の種類や代謝変動を知ることができる。一方，シグナル分子や転写因子など，制御に関わる遺伝子は上位から10^4〜10^5くらいの情報が取れないと把握できないものが多い。RNA-seqの場合，総リード数で信頼できる情報の内容が変わるので，目的にかなうリード数を読むことが重要だ。

高発現遺伝子の変動幅は小さく，低発現遺伝子の変動幅は大きくなる傾向があるため，変動比の閾値によっても暗黙的にフィルターがかかっている点に注意すること。

遺伝子発現変動で見えているもの

DNAマイクロアレイやRNA-seqで見えるのは転写レベルの動きだ。リガンドと受容体の結合状態やシグナル伝達のリン酸化カスケードなどは見えず，翻訳後修飾やタンパク質分解による活性制御もわからない。しかし，変動遺伝子リストを使って DAVIDや ChIP-Atlasなどで解析することで，転写変動の上流の制御機構や下流で引き起こされる機能変化を予測することができる。

おわりに

インフォマティクス解析に長けている人は，RやPython/Perlといったプログラムを用いて解析をする。一方，こうした経験がない人は，まずこれらのプログラムを使える環境を作るところで躓くことも多い。またせっかく頑張ってプログラムを覚えても，たまにしか使わないとじきに忘れてしまう。Excelならばふだんから使い慣れているだけでなく，データ全体が俯瞰でき，どのような手順や条件で解析したかということを直感的に把握し，後から確認できるというメリットもある。ただし，PCのメモリの制約から数千サンプルを超える大きなデータの場合はExcelでは解析がむずかしく，また機械学習などのような複雑な解析もできない。自分

の手でデータを解析する面白さが感じられるようになったら，次はぜひ，プログラムを勉強していろいろな解析に挑戦するのもよいだろう。

■ 本書のウェブサイト

https://github.com/hiromasaono/DigitalTools4LS

TOGO▶TV

AJACS動画「遺伝子発現データベースを使って
遺伝子リストの生物学的解釈をする（エクセルの活用）」
https://togotv.dbcls.jp/20211026.html

Excelで大きなマトリクスファイルを扱うときに設定変更しておくとよい機能
（一部を紹介。本書のウェブサイトも参照）

● 自動保存（自動回復用データの保存）をしない
意図しないタイミングで自動保存が始まり作業が中断されることを避けるため，チェックを外す。ただしこまめに手動で保存する。作業のまとまりごとに，バージョンを付けて別名保存すると，ミスした際に少し前の状態からやり直すことができる。

●「セルを直接編集する/セル内で編集する」を解除する
関数入力の際，参照先のセルのアドレスをキーボードから入力するのではなく，マウスで参照先をクリックすると間違いが減る。そのときには「セルの直接編集」を解除しておかないと，入力ウインドウが邪魔になり，すぐ右側のセルをクリックできなくなる。

● オートコンプリートを使用しない
意図せず誤った文字列をオートコンプリートで入力してしまわないように解除する。

● 大きなエクセルファイルの動作を軽くする
操作のたびに再計算になると時間がかかるため，固定値で扱う数値は計算式を消して値に変換しておく。検証や再利用のためには，計算式を残したファイルを別名ファイルで保存しておくとよい。

COLUMN 8 自分のコンピュータにプログラミング環境を作る

松本侑真 東京工業大学 理学院物理学系

自分のPCにプログラミングの環境構築を行うメリットとは？

実験データの解析やシミュレーションを行う際には，何らかのプログラミング言語を用いたほうが効率性や再現性の観点で便利なことが多い。研究室の共用PC（あるいはクラスタマシンなど）にプログラミング環境があれば，自分のPCに環境構築を行う理由はないように思えるが，実はそうでもない。たとえば，

- 研究室や他の共有環境に依存せずに，独自の作業環境を保つことができる。
- プログラミング環境の持ち運びやバックアップが容易にできる。
- コードを簡単にテストしたい場合に，わざわざ研究室PCにアクセスしなくてもよい。
- 本番環境と開発環境を分けて作業できる。

などのメリットがある。環境構築はうまくいかないことも多いが，その後の作業の効率性を考えると，苦労してでも構築するメリットは十分にある。今回は，さまざまな場面で汎用的に使えて，かつ有益なツールについてそれぞれの導入方法を紹介する。たとえば，Windows PCにLinuxを疑似的に導入すれば，Windows特有のバグに悩むことがなくなり，標準的なUnix環境での作業が可能になる。また，GitHubを用いると，ソースコードのバックアップとバージョン管理，さらには複数人での開発が容易に行える。最後に，Pythonをウェブ上で簡単に実行する方法について紹介する。自分のPCにプログラミング環境を整える必要なくテストコードを作りたい場合などに有用なので，ぜひ活用してほしい。

WSL2を導入してLinuxを仮想的に実行する

Microsoftが提供しているLinux用Windowsサブシステム（WSL）は，Windows 10（11）上に仮想的なLinux環境を構築するツールである。WSLの新バージョンであるWSL2を用いると，より高速に仮想環境にアクセスでき，WindowsのシステムとLinuxのシステムに完全な互換性を持たせることができる。ファイルへのアクセス速度も従来のWSLから改善されており，新たなPCを買うことなしに，Linuxの機能を十分に用いることができる。

WSL2のインストール

WSL2のインストールは非常に簡単だ[注1]。

1 ［スタート］メニューの検索欄に「PowerShell」もしくは「コマンドプロンプト」と入力し，管理者モードで開く。
2 ターミナルが開いたら，「`wsl --install`」と入力する。（インストール中にPCの再起動が必要な場合もある）

以上の操作で自分のPCにLinux環境を構築できる。

> **注1** Windows 10 バージョン2004以上（ビルド19041以上）またはWindows 11でない場合は，これらのコマンドは使用できない。詳しい情報はインストールに関するドキュメント（https://learn.microsoft.com/ja-jp/windows/wsl/install）を参照のこと。

ユーザー名とパスワードを入力

インストールが完了したら，［スタート］メニューを使用してディストリビューション（既定ではUbuntu）を開く。初期起動時には，Linuxディストリビューションのユーザー名とパスワードの作成を求められる。Ubuntuの仕様上，パスワードを入力する際には画面に文字が表示されないが，入力は反映されている（**図1**）。

パッケージの更新とアップグレード

インストール完了後にするべきことは，パッケージの更新とアップグレードだ。UbuntuまたはDebianの場合は，「`sudo apt update && sudo apt upgrade`」コマンドを使用する。「`sudo`」が最初につくコマンドを使用すると，実行前にパスワードの入力を求められるため，最初に設定したパスワードを入力する。

アップグレードの途中で「`Do you want to continue? [Y/n]`」と聞かれるため，「y」を入力するとアップグレードを継続できる。

WSL2環境でWindowsアプリを使う

「`touch`」コマンドなどを用いてLinux上で作成したファイルは，Linuxディストリビューション上に保存される。Windowsのエクスプローラーを使ってLinuxの現在のディレクトリに直接アクセスするには，Linux上で「`explorer.exe .`」コマンドを使用する。「`.`」はカレントディレクトリを表すので，現在の位置をエクスプローラーで開くことができる（**図2**）。

Linux上のフォルダもエクスプローラーのクイックアクセスにピン止めすることができる。コマンドを使用せずとも通常のフォルダのようにアクセスできるようになるためオススメだ。このように，WSL2ではエクスプローラーなどのWindows上のアプリ（exe

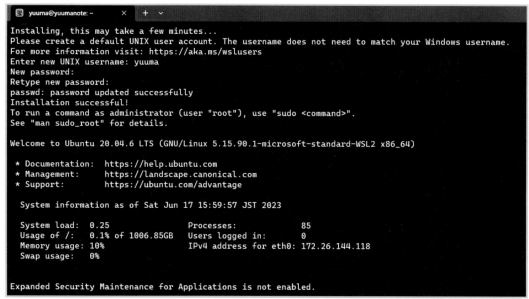

図1
**Linux を Ubuntu で
開いた画面**
4行目でユーザー名と
パスワードを入力。

図2
**エクスプローラーで
Linux のディレクトリ
を確認**
ホームディレクトリ(~/)
をエクスプローラーで
開いた画面。

アプリ) をLinuxから実行できる。

WSL2環境でGUIアプリを使う

　最新のWSL2環境では, GnuplotなどのGUIアプリもネイティブに対応しているため, WSL2でデータの可視化を行うこともできる。Ubuntuであれば「`sudo apt install gnuplot`」でインストールできる。昔のWSL2では, Windows側にVcXsrvといったXサーバーアプリのインストールが必要だったが, 今はそのような作業が必要ない。Gnuplotでのグラフ描画は「`gnuplot`」→「`plot sin(x),cos(x)`」のように, 通常のLinux PCで使うコマンドをそのまま使用すれば, 画面に結果が表示される (図3)。

WSL2とGitHubを連携させる

　プログラミングを用いた開発では, データのバックアップやバージョン管理が必須だ。データのバックアップをするだけであれば, GoogleドライブやOneDriveを用いればよいが, バージョン管理は簡単に行うことができない。また, Linux上で開発しているため, Linuxコンソール上で操作を完結させられると楽だ。Linuxには, Gitと呼ばれる分散型バージョン管理システムが入っている。
　Gitには,

● ソースコードを古いバージョンに簡単に戻せる。
● 新旧のファイルを同時に管理できる。
● 編集した履歴を複数人で共有できる。

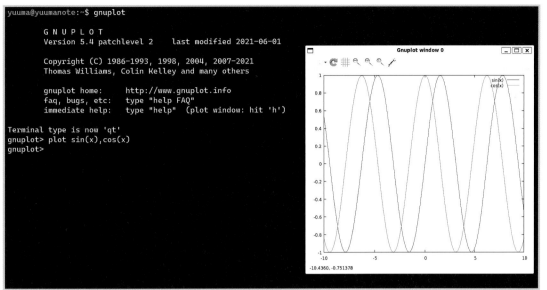

図3
Ubuntu上で Gnuplotを起動
グラフを描画した結果が示されている。

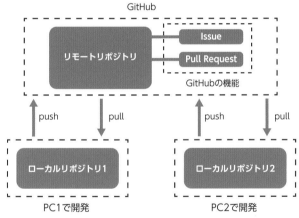

図4 ローカルリポジトリとリモートリポジトリの関係性
GitHubを利用した例。

● 複数人で修正した部分を1つのファイルに統合できる

などの機能があり, ローカルで実行することができる。このようなGitのシステムを利用したサービスの例としてGitHubがある。GitHubを活用することで, Web上でリポジトリ (Gitシステムを用いて管理しているディレクトリ) のバックアップやバージョン管理をすることができ, 視覚的にバージョン管理を行うことができる。ソースコードにバグが見つかった場合, Issueと呼ばれる機能を使えばバグの報告やメモが簡単に残せる。複数人での開発効率を上げる機能がたくさん存在するため, 人気のバージョン管理ソフトとなっている (図4)。

自分の手元にあるリポジトリ(ローカルリポジトリ)をGitHub上(リモートリポジトリ) で管理したい場合には, ローカルリポジトリをリモートリポジトリに紐づける必要がある。リモートリポジトリで管理することで, 複数のPCを用いた開発が楽になる。PC1のローカルリポジトリ1上で変更した内容をpushすると, リモートリポジトリに変更が反映される。変更されたリモートリポジトリをPC2のローカルリポジトリにpullすることで, PC1で変更した内容がPC2のローカルリポジトリに反映されるという仕組みだ。

まずGitHubのアカウントを作り, SSH接続を設定する

GitHub を始めるためには, GitHub のサイト (`https://github.co.jp/`) からアカウントを作成する必要がある。アカウントを作成すると, GitHubでリモートリポジトリを作成できるようになる。また, WSL2からGitHubにアクセスする方法として, 公開鍵認証を用いたSSH接続というものがある。公開鍵と秘密鍵のペアを作成し, 公開鍵をGitHubに登録することで, 安全に接続できる仕組みだ。

公開鍵と秘密鍵を作成する

SSH接続で使用する公開鍵と秘密鍵のペアを作成するために, 「**ssh-keygen -t ed25519**」をLinuxコンソールに入力する。次に, パスフレーズの設定を要求されるが, 何も入力せずにEnterキーを押せば, 設定せずに進めることができる。公開鍵 (id_ed25519.pub) と秘密鍵 (id_ed25519) が.sshディレクトリに生成されるため (図5), 次に, 公開鍵の内容をクリップボードにコピーしてGitHubに登録する。なお, 誤って秘密鍵を登録しないように!

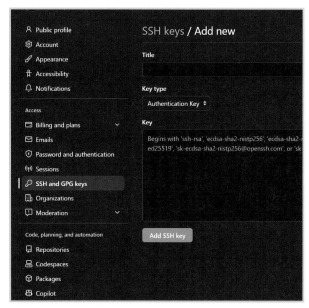

```
yuuma@yuumanote:~$ ssh-keygen -t ed25519
Generating public/private ed25519 key pair.
Enter file in which to save the key (/home/yuuma/.ssh/id_ed25519):
Enter passphrase (empty for no passphrase):
Enter same passphrase again:
Your identification has been saved in /home/yuuma/.ssh/id_ed25519
Your public key has been saved in /home/yuuma/.ssh/id_ed25519.pub
The key fingerprint is:
SHA256:xo+t9miPcMN/UNFdNGwiKI9iq5537utmQkvk/w/TVsc yuuma@yuumanote
The key's randomart image is:
+--[ED25519 256]--+
|          .  ..++|
|       . . ....oo|
|        +   ..o  |
|     + o...   .  |
|    + o S . . E  |
|   = o +o .  .   |
|    + + =oo+     |
|   ..+ Bo*+ .    |
|   .o. OB*+=o    |
+----[SHA256]-----+
yuuma@yuumanote:~$ cd .ssh/
yuuma@yuumanote:~/.ssh$ ls
id_ed25519   id_ed25519.pub
yuuma@yuumanote:~/.ssh$ █
```

図5 キーの作成方法
秘密鍵はこのまま.sshに保管

図6 公開鍵をアップロード
公開鍵のみをGitHubにアップロード。

「`cat .ssh/id_ed25519.pub | clip.exe`」と入力すると，公開鍵の内容をクリップボードにコピーできる。 ブラウザでGitHubにアクセスして， 右上の自分のアイコンをクリック→「settings」→「SSH and GPG keys」→「New SSH key」をクリックする。Titleは何でも大丈夫だ。Keyの欄をクリックして「Ctrl+V」で先ほどコピーした公開鍵の中身をペーストすることができる。

Key typeが「Authentication Key」になっていることを確認したら，「Add SSH key」をクリックして完了だ（**図6**）。

リモートリポジトリを作成する

次に，GitHubで管理先のリモートリポジトリを作成する。GitHubトップ画面の左側にある緑色の「New」というボタンをクリックして，「Create a new repository」を表示させる。

「Repository name」にリポジトリの名前を入力して，Privateリポジトリ（自分だけが閲覧できるリポジトリ）として作成する[注2]。

> **注2** Publicリポジトリは他人が閲覧することができるため，作成の際には注意する。

ローカルリポジトリを作成する

GitHubの準備が完了したので，次はWSL2上のGitを使用してローカルリポジトリを作成する。

gitconfigを設定

初めてGitを使用する際にはgitconfigを設定する必要がある。
具体的には，gitconfigでユーザーネームとemailアドレスを設定する。

「`git config --global user.email hoge@gmail.com`」と
「`git config --global user.name username`」

を入力する。「`hoge@gmail.com`」と「`username`」は各自のものに置き換えること。なお，これらはGitHubに登録したものと同じでなくても大丈夫だ。gitconfigの設定値を確認したい場合には，「`git config -l`」と入力すればよい。

.gitディレクトリを作成する

WSL2上でローカルリポジトリを作成するためには，Gitで管理したいディレクトリに移動して，「`git init`」と入力する。これによって，ディレクトリ内に新しく「`.git`」というディレクトリが作成され，リポジトリの管理に必要なファイルがこの中に格納される。

gitコマンドを実行する

次に，「`git add -A`」→「`git commit -m "message"`」の順に実行する。gitコマンドの詳しい説明は省くが，「git add」コマンドと「git commit」コマンドを実行することで，ファイルの変更をローカルリポジトリに登録することができる（**図7**）。なお，"message"の部分にはcommitのメッセージを入力できる。メッセージが空だとcommitができないため，「"first commit"」や「"Add file"」などのメッセージを入力すればよい。

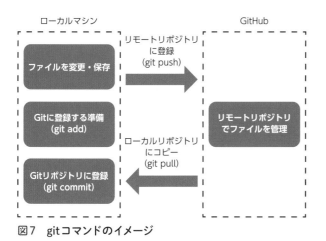

ローカルマシン　　　　　　　　　　　　　GitHub

ファイルを変更・保存

リモートリポジトリに登録
(git push)

リモートリポジトリでファイルを管理

Gitに登録する準備
(git add)

ローカルリポジトリにコピー
(git pull)

Gitリポジトリに登録
(git commit)

図7　gitコマンドのイメージ

「git remote add」を行う

　最後に，先ほど作成したGitHubのリポジトリに対して「git remote add」を行う。

　リポジトリの指定のために，SSHのURLを取得する必要がある。GitHub上のリポジトリへ移動し，緑色の「Code」ボタンから「SSH」を選択し，その状態で出現するURLをコピーする。WSL2上で「`git remote add origin` (URLをペースト)」「`git push -u origin main`」と入力することで，ローカルリポジトリをリモートリポジトリへと紐づけることができる。

　なお，ペーストはマウスの右クリックで行える。以上でローカル

リポジトリとリモートリポジトリの紐づけが完了する。一度紐づけが完了すると，ローカルでファイルを編集した後にリモートリポジトリへ変更を反映させるためには，

「`git add -A`」→「`git commit -m "message"`」→「`git push`」

を行えばよい。

Google Colaboratoryを使ってPythonをWebブラウザで実行する

　プログラミング環境を整えるのは大変な作業だ。しかし，Python (Jupyter Notebook) を用いて簡単な作業をしたい場合は，Google ColaboratoryというWebブラウザ上で簡単に実行することができる。実行速度はローカルで実行した場合と比べて遅くなってしまうが，手軽に実行できることはメリットだ。また，作成したファイルやノートブックはGoogleドライブに自動的に保存される。

GoogleアカウントでColaboratoryにログイン

　Google Colaboratory (`https://colab.research.google.com/?hl=ja`) でPythonを使うのに必要な準備はGoogleアカウントのみだ。　サイトにログインすると，「Colaboratoryへようこそ」というノートブックが使用可能になり，Google Colaboratoryの簡単な説明が掲載されている。

　また，自分のGoogleドライブにアクセスして，ファイルの読み書きをすることができる。画面左側に表示される「ファイル」欄の

クリックすれば自分の
Googleドライブへ

図8
Colaboratoryへようこその画面
自分のGoogleドライブにアクセスすることもできる

右から2つ目のフォルダアイコンをクリックすると，自分のGoogleドライブにアクセスすることができる（**図8**）。ローカルファイルの読み書きを行う要領で，Google Driveのファイルの読み書きが行える。

GPUを使う

Google Colaboratoryでは，連続使用は12時間まで，90分間アクセスがないと接続が切れるという条件のもとで，GPUを無料で使うことができる。ノートブック上部の「ランタイム」タブから「ランタイムのタイプを変更」をクリックし，ハードウェアアクセラレータからGPUを選択すれば完了だ。GPUに切り替わっているかどうかは，「`!nvidia-smi`」と書いたコードを実行すれば確認できる（**図9**）。

TOGO TV

「WSL2（Windows Subsystem for Linux 2）を導入しWindows 10（11）にLinux環境を構築する」
https://togotv.dbcls.jp/20220216.html

ローカルマシン（WSL2: Ubuntu）のレポジトリとリモートレポジトリ（GitHub）をSSH接続で連携し管理する
https://togotv.dbcls.jp/20221224.html

Google Colabolatoryを使ってブラウザ上でPythonを記述し実行する
https://togotv.dbcls.jp/20211227.html

図9　GPUの使用方法と無料版の制限について

生命科学研究でのChatGPTとの付き合い方

松本侑真　東京工業大学 理学院物理学系

ChatGPTは，OpenAI社が開発した人工知能チャットボットであり，大規模なデータセットから学習して自然な対話を生成する生成AIの一種である。

この技術は高度な自然言語処理技術を使用し，質疑応答や文章生成に優れた性能を発揮する。正しく使うことができれば，ウェブ検索よりも迅速で効果的な情報収集が可能になったり，幅広い作業タスクに対応することができる。

しかし，ChatGPTは生成ベースのモデルであり，コンテキスト（文脈）を考慮するのが得意でないため注意が必要である。特に，長い対話や専門的なトピックでは誤った情報を生成する可能性がある。そのため，利用者はChatGPTから正しい回答を得るためにひと工夫する必要がある。

ChatGPTの登録方法とGPT-3.5/4の比較

ChatGPTはWebサイトから無料で使うことができる。OpenAIのサイト（https://chatgpt.com）でアカウント登録することで，すぐにChatGPTを利用できる（**図1**。ダークモードでアクセスしているため，背景色が暗くなっている）。

アカウント登録後，サイト下部の「Message ChatGPT …（ChatGPTにメッセージを送信する）」（❶）に文章を入力すると，ChatGPTがその文章を解釈して結果を出力する。また，サイドバー（❷）には過去のチャット履歴が保存され，上部のタブ（❸）でChatGPTのモデルを切り替えることができる。

無料プランではGPT-3.5のモデルのみが使用できる。有料プ

ランに加入すると，GPT-4に切り替えることができるようになる。GPT-4はGPT-3.5よりも高精度な回答を生成でき，その違いは実際にGPT-4を使用することで実感できるだろう。**表1**にGPT-3.5とGPT-4の比較をまとめた。

GPT-3.5で長い文章を要約する

ChatGPTに入力する文字列のことをプロンプトという。ChatGPTはプロンプトの内容を読み取り，回答を生成するAIである。GPT-3.5では，プロンプトの作成方法を工夫しないとあまり良い回答が得られないことがある。例えば，文章の要約タスクを行う場合にも顕著な差が現れる。

一方，GPT-4ではプロンプトを適当に作成しても良い結果を返す場合が多いため，GPT-4を使う場合はあまり気にしなくて良い。

準備：要約するための長文を作成する

500字程度の物語を100字に要約するタスクをGPT-3.5に行わせるための事前情報として，長文の文章を事前にGPT-4で生成した。

要約を作成してもらう

用意した物語は，次ページに示すように，「才能ある織り手のエマは，魔法の布を求めて旅に出て，困難に直面しながらも夢を叶え，王国に新しい知識をもたらした」という内容である。このような結果を期待して，GPT-3.5に要約してもらおう。

図1　ChatGPT
https://chatgpt.com

機能比較	GPT-3.5	GPT-4
回答の正確さ	ほどほどに正確（専門的なトピックほど間違える）	GPT-3.5よりもはるかに正確
利用料金	無料	有料（ChatGPT Plusへの加入が必要）
最大トークン数（会話の長さ）	2,048トークン（5,000文字）	32,768トークン（25,000文字）
会話の入力方法	テキスト入力のみ	画像，ファイルのアップロードにも対応
GPTからの出力	テキスト出力のみ	画像出力やプログラムコードの実行も可能

表1　GPT-3.5とGPT-4の比較

単純なプロンプトを用いると

まずは最も単純なプロンプト「以下のテキストの要点を100字以内でまとめてください。」を入力する。

単純なプロンプト

> **ChatGPT3.5**
>
> **You**
> 以下のテキストの要点を100字以内でまとめてください。
> かつて、遠い王国に、エマという名の若い女性がいました。エマは非常に才能のある織り手で、彼女の作る布はその美しさで有名でした。しかし、エマは王国の外の世界に興味を持っており、新しい技術や知識を求めて旅に出ることを夢見ていました。ある日、王国に不思議な旅人が現れ、彼の持っている魔法の布について話しました。この布は、持ち主の最も深い願いを叶えることができると言われていました。エマは、この布を手に入れることで、彼女の夢を実現できると信じ、旅人と一緒に冒険に出ることを決意します。
>
> 旅の途中で、エマと旅人はさまざまな困難に直面しました。厳しい自然環境、危険な生き物、そして彼らの目的を阻む邪悪な力。しかし、エマの決意と旅人の知恵によって、彼らはこれらの困難を乗り越えていきました。最終的に、彼らは魔法の布を見つけることに成功し、エマは自分の夢である新しい地への旅を始めることができました。この旅では、エマは多くの新しい友達を作り、彼女の技術を広め、多くの異なる文化から学びました。
>
> エマは王国に帰還し、そこで彼女の経験を共有しました。彼女の話は人々に大きな影響を与え、王国は外の世界との交流を広げることになりました。エマ自身も、冒険の中で得た知識と経験を生かし、より素晴らしい作品を作り続けました。彼女は、夢を追い求め、新しいことに挑戦する勇気の大切さを人々に示しました。
> <2/2>
>
> **ChatGPT**
> エマは織り手として才能ある若い女性。王国の美しい布で有名だが、外の世界への興味を抱き、魔法の布で夢を叶える旅に出る。困難や危険にも立ち向かい、最終的に魔法の布を手に入れ、新たな冒険へ。多くの友達と異文化を知り、王国に帰還後、経験を共有。エマの冒険は王国に大きな影響を与え、外の世界との交流を促進。夢を追い求め、挑戦し続ける勇気を示す。

出力結果を見ると，ChatGPTがプロンプトから文章の要約タスクを理解して出力したのがわかる。だが，要約は不完全で，出力文字数は167字であり，文字数制限も守られていない。

工夫したプロンプトを用いると

GPT-3.5のモデルで期待した出力を得るためには，プロンプトを工夫しなければならない。例えば，以下のような要素をプロンプトに組み込むと出力の精度向上が見られる。

プロント工夫のポイント
- ChatGPTのロール（役割）：
  文章を要約するジャーナリスト
- プロンプトの目的：
  要約された内容をレポートに活用予定

- 背景知識や文章などの情報：
  物語の原文
- 出力時に守って欲しいルール：
  ・要約後の文字数を100字以内に収めること
  ・文章の主要なポイントを要約に含めること
- 出力の形式：
  要約後の文章

実際には以下のようにプロンプトを工夫した。

工夫したプロンプト

> **ChatGPT3.5**
>
> **You**
> #お願い
> あなたはジャーナリズムのスペシャリストです。
> 1,000文字程度の文章を読み、その主要なポイントを100文字以内で要約してください。
>
> #目的
> 情報を効率的に整理・伝達するため、要約された内容をプレゼンテーションやレポートに活用する予定です。
>
> #情報
> ・原文：［こちらに要約前の文章を挿入します］
>
> #ルール
> ・要約後の文字数は100文字以内に収めること
> ・文章の主要なポイントを見逃さないよう注意すること
>
> **ChatGPT**
> エマは才能ある織り手。魔法の布を手に入れ、夢の冒険へ。困難を乗り越え成功。新しい友達と文化を知り、経験を王国にもたらし、交流を広げた。エマは夢追い求め、挑戦する勇気を示し、素晴らしい作品を生み出し続けた。

今回の要約タスクでは，ChatGPTをジャーナリストと思い込ませ，文章を要約させるロールプレイを試してみた。出力結果を見ると，先程よりも精度が良い要約が得られていることがわかる。出力文字数は102字で，100字以内ではないが，何度か繰り返してみると110字程度には文字数が抑えられていた。

同じプロンプトでもChatGPTの出力は毎回異なり，結果の精度が良いときも悪いときもある。今回の要約タスクでは，日本語として不完全な文法が使用される場合もあったが，何度か繰り返していると，自然な日本語として出力が得られる場合もあった。また後述するように，GPT-4を用いれば，出力の日本語はさらに自然なものになることが多い。

GPT-3.5で文字列の抽出を行う
科学研究のさまざまな局面では，データの前処理や整形，ファイル名の規則的な変更など，フォーマットに従って何らかの作業

を行うことが多い。ChatGPTの真価が発揮されるのは，このような事務的な作業を行わせるときである。

固有名詞を抽出する

まずは，文字列抽出の例として，文章中から固有表現（人名，地名，日付，時間など）を抽出してみる。

ChatGPT3.5

You
以下の文から固有表現抽出をして。
ジョージ・ワシントンは1732年2月22日、バージニア植民地ウェストモアランド郡コロニアル・ビーチ南部に位置するポープズ・クリーク・プランテーションで生まれた

ChatGPT
以下は、与えられた文からの固有表現抽出です。

・人名：ジョージ・ワシントン
・年：1732年
・月日：2月22日
・地名：バージニア植民地、ウェストモアランド郡、コロニアル・ビーチ、ポープズ・クリーク・プランテーション

全ての固有表現が正しく抽出された。

抽出するプログラムを書いてもうらう

さらに，結果に再現性のあるプログラムコードを作成させることも可能だ。例えば，正規表現を用いた文字列の抽出コードを作成することができる。

次のようなプロンプトを作成すると，Pythonで書かれたプログラムが出力される。

ChatGPT3.5

You
# サンプルテキスト
text = "こんにちは、私のメールアドレスはexample@example.com です。他にもcontact@mywebsite.orgも使っています。"

このようなテキストから、メールアドレスを抽出するPythonコードを書いて
<2/2>

ChatGPT
メールアドレスを正確に抽出するためには、正規表現を使用するのが一般的です。以下は、Pythonで正規表現を使ってメールアドレスを抽出するサンプルコードです。

```python
                                        Copy code
import re

text = "こんにちは、私のメールアドレスはexample@example.com です。他にもcontact@website.orgも使っています"
```

```python
#メールアドレスを抽出する正規表現パターン
email_pattern = r' \b[A-Za-z0-9.%+-]+@[A-Za-z0-9.-]+\.[A-Z|a-z]{2,}\b'

#正規表現にマッチするメールアドレスを取得
matches = re.findall(email_pattern, text)

#結果を出力
for match in matches:
    print("抽出されたメールアドレス:", match)
```

このコードでは、`re.findall` 関数を使用して正規表現パターンにマッチするすべてのメールアドレスを取得し、それを出力しています。なお、メールアドレスの構造は様々なので、この正規表現がすべてのケースに対応するわけではありません。

今回試した環境では，正しく動くプログラムを出力するまでに，何度か修正を促すプロンプトを作成する必要があった。一番最初に出力されたプログラム（上の例）では，メールアドレスとその前後の文字との間にスペースが空いていない場合に正しくアドレスの抽出が行えなかった。しかし，最後に出力されたプログラム（下の例）では，メールアドレスの前後にスペースが空いておらず，文章の文字とメールアドレスが連結されている状況でも対応できるプログラムになっていた。

ChatGPT3.5

You
提供されたコードを実行しても、メールアドレスを抽出できません。

ChatGPT
申し訳ありません。正規表現を修正し、メールアドレスが直前の文字と連結している場合にも対応するようにしました。以下が修正済みのコードです。

```python
                                        Copy code
import re

text = "こんにちは、私のメールアドレスはexample@example.com です。他にもcontact@website.orgも使っています。"

#メールアドレスを抽出する正規表現パターン
email_pattern = r'[A-Za-z0-9.%+-]+@[A-Za-z0-9.-]+\.[A-Za-z]{2,}'

#正規表現にマッチするメールアドレスを取得
matches = re.findall(email_pattern, text)

#結果を出力
for match in matches:
    print("抽出されたメールアドレス:", match)
```

このコードでは、`\b`を削除し、単語境界ではなく、直前の文字との連結にも対応するようにしました。ご確認いただければと思います。

最後に出力された次のプログラムを実際にGoogle Colab上で動かしてみると、確かに正しくメールアドレスが抽出されている。

```
Import re

text = "こんにちは、私のメールアドレスはexample@example.comです。
他にもcontact@mywebsite.orgも使っています。"

#メールアドレスを抽出する正規表現パターン
email_pattern = r'[A-Za-z0-9._%+-]+@[A-Za-z0-9.-]+\.
[A-Za-z]{2,}'

#正規表現にマッチするメールアドレスを取得
matches = re.findall(email_pattern, text)

#結果を出力
for match in matches:
        print("抽出されたメールアドレス:", match)
```

```
抽出されたメールアドレス: example@example.com
抽出されたメールアドレス: contact@mywebsite.org
```

GPT-3.5で数値データを整形する

GPT-3.5を用いたデモンストレーションの最後に、単純な数値データの整形を行ってみる。具体的には、表形式でまとめられた製品データを与え、製品IDでソートし、総売上を計算させるものである。

ChatGPT3.5

You
製品ID; 製品名; 販売数量; 販売価格
002; ペン; 53;120
003; ノート; 85; 200
001; カレンダー; 40; 500

このデータから、製品ID、製品名、販売数量、販売価格、総売上を表にして、製品IDでソートして

ChatGPT
以下は、与えられたデータから製品ID でソートされた表です。最後の列には総売上も追加されています。

```diff
製品ID | 製品名 | 販売数量 | 販売価格 | 総売上

001 | カレンダー    | 40    | 500     | 20000
002 | ペン          | 53    | 120     | 6360
003 | ノート        | 85    | 200     | 17000
```

総売上は、販売数量と販売価格の積を計算しています。表の各行において、「販売数量 x 販売価格」が総売上となります。

上のChatGPTの結果を見ると、製品IDでソートしており、総売上の計算も正しく行っている。

また、再現性の担保のため、次のように、ChatGPTが行った作業をPythonコードとして書き出し、csvとして結果を出力する機能も追加した。

ChatGPT3.5

You
入力データからデータを成形し、出力をcsvにまとめるpythonコードを提供して

ChatGPT
以下は、与えられたデータを成形し、csvファイルにまとめるためのPythonコードの例です。このコードは、Pandasライブラリを使用しています。Pandasはデータ操作に便利な機能を提供します。

```python
import pandas as pd

# 入力データ
data = [
{ "製品ID": "002", "製品名": "ペン", "販売数量": 53, "販売価格": 120},
{ "製品ID": "003", "製品名": "ノート", "販売数量":85, "販売価格": 200,},
{ "製品ID": "001", "製品名": "カレンダー", "販売数量":40, "販売価格": 500 
]
# データフレーム作成
df = pd.DataFrame(data)

# 総売上列を追加
df['総売上'] = df['販売数量'] * df['販売価格']

#製品ID でソート
df = df.sort _values(by='製品ID')

# csv に出力
df.to_csv('output.csv', index=False)
```

このコードを実行すると、同じディレクトリに"output.csv"という名前のcsvファイルが作成されます。csvファイルには、成形されたデータが含まれ、製品IDでソートされています。

GPT-3.5を用いたChatGPTの機能紹介は以上である。無料版のGPT-3.5でも、ある程度は作業の効率化に使えることがわかる。しかし、出力（の一部）が不正確であったり、誤った情報を生成する場合もあるため、結果の吟味は利用者自身で行う必要がある。

ChatGPT4で長い文章を要約する

次に有料プラン「ChatGPT Plus」で使うことができるGPT-4を活用したより高度な生成AIの使い方を紹介する。GPT-4は、GPT-3.5よりも高精度な回答を生成できるだけでなく、画像やファイルの内容を読み取り、それらをプロンプトに含めることができる。さらに、DALL-E（ダリ）と呼ばれる機能を用いると、文章から画像を生成することもできる。これらの機能を使うことで、生成AIの活用の幅が格段に広がっていくだろう。

ではまず，本コラム冒頭で紹介したのと同じ文章要約タスクをChatGPT-4に求め，GPT-3.5との性能比較を実感してみよう。GPT-3.5では，プロンプトを工夫しないと良い結果が得られなかったが，GPT-4では単純なプロンプトのままでも精度の良い要約結果となっており，また要約文字数も72字であり文字数要件も満たしている。GPT-4を使う場合には，ロールプレイなどのプロンプトの工夫をすることがかえって回答精度の低下を招くこともあるので，注意が必要である。

単純なプロンプトの例

> **ChatGPT4**
>
> **You**
> 以下のテキストの要点を100字以内でまとめてください。
> ［要約前の文章を挿入］
>
> **ChatGPT**
> エマという才能ある織り手の女性が，魔法の布を求めて冒険に出る。困難を乗り越え，新しい地で学び，王国に帰って経験を共有し，外の世界と交流を広げた。

工夫したプロンプトの例

> **ChatGPT4**
>
> **You**
> 以下のテキストの要点を100字以内でまとめてください。
> ［要約前の文章を挿入］
> #ルール
> 要約後の文字数は日本語で100文字以内に収めること
> 文章の主要なポイントを見逃さないよう注意すること
> #出力
> 要約後の文章
>
> **ChatGPT**
> 才能ある織り手エマが魔法の布を求め，冒険を通じて新しい知識と技術を得て，王国に影響を与えた物語。

ChatGPT4でDALL-Eを使って文章から画像を生成する

「ChatGPT Plus」のプランではDALL-E（ダリ）を用いて文章から画像を生成することができる。DALL-Eは，自然言語の記述からデジタル画像を生成する，OpenAIにより開発された深層学習モデルであり，GPT-4に組み込まれている。絵の内容や雰囲気だけではなく，歴史上の絵画の画風を真似した画像を生成することもできる。

> **DALL-Eを使うときに注意すべきこと**
> OpenAIの方針により，著作権で保護されたキャラクターや現代のアーティストのスタイルを直接模倣することは禁止されている生成された画像の著作権については，「コンテンツポリシーと利用規約に従うことを条件として，ChatGPT（DALL-E）で作成した画像は転載，販売，商品化する権利を含め，利用者の所有となる。」ことを記載している。

まずは，葛飾北斎の作品「神奈川沖浪裏」に出てくるような海で，パンダがサーフィンしている絵を浮世絵テイストで生成してみよう。

プロンプト　葛飾北斎の作品に出てくるような海で，パンダがサーフィンしている絵を浮世絵テイストで生成して。

プロンプトには「葛飾北斎の作品に出てくるような海」としたが，出力は「神奈川沖浪裏」をオマージュした海でパンダがサーフィンをしている絵となっている。

一度実行したプロンプトにカーソルを近づけると出現する鉛筆マークから「Save & Submit」をクリックすると，同じプロンプトを再実行することができる。すると，先ほどの絵とは異なる絵が生成される。同じプロンプトであっても以前に生成した出力とまったく同じ出力を得ることはできないのである。

次に，絵に文字を追加させるプロンプトを実行してみよう。ChatGPTは細かい文字を出力することが苦手であるため，出力される絵の中には文字のような何かが追加されることがわかる。

ChatGPT4で画像から情報を読み取る

先ほどは文字から画像を生成したが，画像から情報を抽出することもできる。GPT-4を使用する場合，プロンプト入力欄の左側にあるクリップマークから，ファイルのアップロードが可能である。にぎり寿司が盛り付けられた寿司桶の画像をアップロードして，何の画像かを聞いてみると，その内容を正確に捉えられていることがわかる。寿司の種類を判別することもできており，ChatGPTの感想まで添えられている。

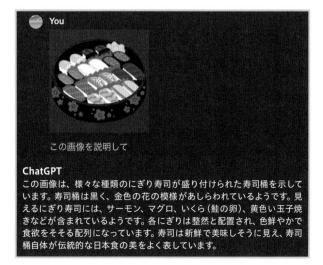

ChatGPT4でcsvファイルをアップロードしてデータの可視化・分析を行う

最後に，GPT-4によって強化されたデータ分析機能を用いて，複雑なデータの分析を行う方法を紹介する。GPT-4を使うと，欠損値を含むデータの前処理・可視化・結果の保存までを1つのプロンプトで行うことができる。さらに，GPT-4が実際に行っている処理をプログラムコードとして逐次確認することもできるため，処理がブラックボックス化しない利点がある。

GPT-4をそのまま使ってもよいが，Webサイトのサイドバーにある「Explore」から，専門的な機能に特化したChatGPTモデルを選択できる。OpenAIによってカスタマイズされたモデルがいくつも用意されているだけではなく，自分で新たなChatGPTモデルを作成することもできる。

それでは，「Data Analysis」モデルを用いて，データの読み込み，前処理，可視化を行ってみよう。今回は，Pythonの機械学習データとしてよく用いられる「iris」データセット（アヤメの種類を分析するためのデータセット）を例として用いる。ChatGPTは外部データへのアクセスができないため，データセットは事前にcsvファイルとして取得し，プロンプトにアップロードする必要がある。

「iris」データセットには，各アヤメ個体の特徴量として「がく片の長さ」，「がく片の幅」，「花弁の長さ」，「花弁の幅」と，アヤメの品種が格納されている。アヤメの「がく片の長さ」と「花弁の幅」の関係性を見るためのプロットをChatGPTに行ってもらう。また，アヤメの品種ごとに色分けをして，見やすいプロットを作成してみよう。

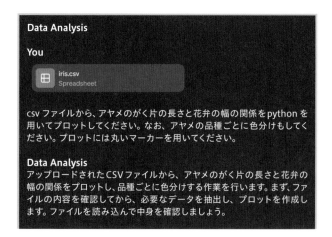

CSVファイルには、アヤメの「sepal_length」（がく片の長さ）、「sepal_width」（がく片の幅）、「petal_length」（花弁の長さ）、「petal_width」（花弁の幅）、および「species」（品種）の5つの列が含まれています。

次に、がく片の長さ（sepal_length）と花弁の幅（petal_width）の関係をプロットし、品種（species）ごとに色分けします。丸いマーカーを使用してプロットを作成しましょう。

解析途中でエラーが発生したが，ChatGPTが自動で修正を行い，プロット作業まで行うことができた。出力結果にいくつか現れている青い「>_」マーク（View analyis）をクリックすると，ChatGPTが実行しているコードを確認できる。

Data Analysis

Error analyzing
プロットの作成中にエラーが発生しました。このエラーは、`markers`引数が期待する形式ではないことが原因です。`markers`引数には、品種ごとに異なるマーカーを使用しようとしています。

品種ごとに同じ形状の丸いマーカーを使用するように修正して、再度プロットを作成してみましょう。

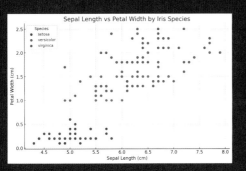

がく片の長さ（sepal_length）と花弁の幅（petal_width）の関係を、品種ごとに色分けして丸いマーカーを使用してプロットしました。このプロットから、異なるアヤメの品種ががく片の長さと花弁の幅において異なる傾向を持っていることが見て取れます。

また，画像の情報を抽出できることを応用して，プロットした内容から読み取れる相関関係などを出力することもできる。

Data Analysis

You
このプロットから読み取れる内容を日本語で説明して

Data Analysis
このプロットから読み取れる内容を日本語で説明します。

1. 品種による明確な違い：アヤメの品種ごとに、がく片の長さと花弁の幅にはっきりとした違いが見られます。これは、プロット上で異なる色によって区別された品種のデータポイントが、明確に異なる領域に集

中していることから明らかです。
2. 品種間の特徴：
・ある品種（例えば、青色のデータポイント）は、がく片の長さが短く、花弁の幅も狭い傾向にあります。
・別の品種（例えば、オレンジ色のデータポイント）は、がく片の長さが中程度で、花弁の幅が広い傾向があります。
・もう一つの品種（例えば、緑色のデータポイント）は、がく片の長さが長く、花弁の幅も広い特徴を持っています。
3. データの分布：特定の品種はデータポイントがより密集しており、他の品種よりも特徴が一貫していることを示唆しています。一方で、他の品種はもう少しデータポイントが散らばっており、その特徴には多少の変動があるようです。
4. 相関関係：全体的に、がく片の長さが長いアヤメは、花弁の幅も広い傾向があるように見えます。これは正の相関関係を示唆しています。

このプロットを用いて、アヤメの品種をがく片の長さと花弁の幅に基づいて区別することができそうです。また、これらの特徴を用いて品種を予測する機械学習モデルを構築することも考えられます。

統合TVの動画でさらなる応用を試してみる

統合TVの動画「科学研究のためのChatGPTの使い方」では，ここで解説できなかった応用も紹介されている。

たとえば同動画の「基礎編」では，特定のルールに従ってファイル名を作成するPythonコードをChatGPTに生成させるデモンストレーションを行っている。

また，「GPT-4モデルの性能比較と画像生成・データ分析機能の紹介」では，ゴッホの絵「ひまわり」を真似したチューリップの絵画を出力できることを紹介している。

さらに，実践的なデータを用いた機械学習モデルの構築を行う方法についても紹介している。具体的には，機械学習のコンペティションサイトとして著名な「kaggle（https://www.kaggle.com）」に公開されているデータ「Titanic」を用いて，タイタニック号の乗客データから，その生死を判別する機械学習モデルを作成した。「Titanic」データセットには，欠損値や機械学習モデルの構築に不必要なデータも含まれているが，ChatGPTは欠損値の補完や，必要なデータの抽出を行い，機械学習モデルを構築した。さらに，複数のモデルの評価を行い，最も正答率の高いモデルを選択していた。kaggleサイトでは，作成した機械学習モデルの正答率を「public score」で計測することができる。ChatGPTが作成したそのモデルの評価は0.75であり，ある程度良いモデルを作成していることがわかる。プロンプトをチューニングしたり，結果のフィードバックを行いながらChatGPTで機械学習モデルを作成することで，より良いものが生成されることも期待できるだろう。

ChatGPTによるデータの読み込みの例

Data Analysis

まず、提供された訓練データ（`train.csv`）とテストデータ（`test.csv`）を読み込んで、それらの概要を確認します。これには、データの形状、欠損値の有無、各特徴量の種類などを確認する作業が含まれます。その後、データの前処理、特徴量の選択、そして機械学習モデルの作成

と評価を行います。

まずは `train.csv` と `test.csv` を読み込んで、データの基本的な情報を確認しましょう。

訓練データ（`train.csv`）とテストデータ（`test.csv`）の概要は以下の通りです：

訓練データ（`train.csv`）
エントリー数：891
列の数：12
列の内容：
- `PassengerId`：乗客ID
- `Perished`：生存状況（0=生存、1=死亡）
- `Pclass`：チケットクラス　・`Name`：名前
- `Sex`：性別
- `Age`：年齢
- `SibSp`：タイタニック号に乗船している兄弟/配偶者の数
- `Parch`：タイタニック号に乗船している親/子供の数
- `Ticket`：チケット番号
- `Fare`：運賃
- `Cabin`：客室番号
- `Embarked`：乗船した港（C=シェルブール、Q=クイーンズタウン、S=サウサンプトン）

分析と前処理の例

Data Analysis

分析と前処理のステップ
1. **データの前処理**：欠損値の処理、カテゴリカルデータ（性別、乗船港など）のエンコーディング、不要な列の削除（例：`Name`、`Ticket`、`Cabin`）。
2. **特徴量の選択**：生存予測に役立つと思われる特徴量を選択します。
3. **モデルの選定と訓練**：いくつかの機械学習モデルを試し、訓練データを使用してモデルを訓練します。
4. **モデルの評価**：テストデータを使用してモデルのパフォーマンスを評価します。
次に、データの前処理を行います。[>_]
データの前処理が完了しました。各ステップの概要は以下の通りです：

1. **不要な列の削除**：`Name`、`Ticket`、`Cabin` 列を削除しました。これらの特徴はモデルの訓練に直接役立たないと判断しました。
2. **カテゴリカルデータのエンコーディング**：性別（`Sex`）と乗船港（`Embarked`）を数値に変換しました。
3. **欠損値の処理**：`Age` と `Fare` の欠損値は平均値で補完しました。乗船港の欠損値は最も多い値で補完しました。
4. **特徴量とターゲットの分離**：生存状況（`Perished`）をターゲット変数として分離しました。
5. **データの分割**：訓練データを更に訓練用と検証用に分割しました。
6. **特徴量のスケーリング**：特徴量のスケールを統一するために標準化を行いました。

機械学習モデルの選定が自動で行われている例

Data Analysis

次に、いくつかの機械学習モデルを選定して訓練し、最も性能の良いモデルを選びます。ここでは、ロジスティック回帰、ランダムフォレスト、サポートベクターマシン（SVM）の3つのモデルを試します。これらは様々な種類の問題に対して良い結果を出すことが知られています。各モデルの性能を検証データで評価した後、最も良いモデルをテストデータで評価します。[>_]

各モデルの検証データにおける正解率は以下の通りです：
- **ロジスティック回帰**：約81.0%
- **ランダムフォレスト**：約82.1%
- **サポートベクターマシン**（SVM）：約82.1%

ランダムフォレストとSVMが同じくらいの最高正解率を示しています。この場合、一般的にランダムフォレストはパラメータチューニングによりさらに性能が向上する可能性がありますが、SVMも良い選択です。ここでは、ランダムフォレストを最終モデルとして選択し、テストデータに適用してみましょう。

ランダムフォレストモデルを全訓練データで再訓練し、テストデータでの予測を行います。ただし、テストデータには真の `Perished` ラベルが含まれていないため、ここでは予測結果を出力するだけになります。実際のテスト環境では、これらの予測を評価するための別の方法が必要です（例：提出後のフィードバック）。[>_]
ランダムフォレストモデルを使用してテストデータの最初の10件の予測を行いました。予測された生存状況（`0` は生存、`1` は死亡）は以下のようになっています：

```
Copy code
1, 1, 1, 1, 1, 1, 1, 1, 0, 1
```

TOGO TV
「科学研究のためのChatGPTの使い方（基本編）」
https://togotv.dbcls.jp/20231228.html

「科学研究のためのChatGPTの使い方
GPT-4モデルの性能比較と画像生成・データ分析機能の紹介」
https://togotv.dbcls.jp/20240104.html

索引

■ **本書のウェブサイト**

https://github.com/hiromasaono/DigitalTools4LS
サンプルデータはここからダウンロードできる。

生命科学研究のためのデジタルツール入門

結果に差がつく使いこなし術　　定価：本体 3,300円 ＋ 税

2024年6月25日発行　第1版第1刷©

監修者　坊農 秀雅
　　　　　ぼうのう ひでまさ
　　　　小野 浩雅
　　　　　お の ひろまさ

発行者　株式会社　メディカル・サイエンス・インターナショナル

　　　　代表取締役　金子 浩平
　　　　東京都文京区本郷 1-28-36
　　　　郵便番号 113-0033　電話（03）5804-6050

　　　　印刷：加藤文明社
　　　　本文デザイン・DTP：明昌堂
　　　　表紙イラスト：豊岡絵理子
　　　　装丁：岩崎邦好デザイン事務所

ISBN978-4-8157-3106-9　　C3047